インプレスR&D [NextPublishing]

技術の泉 SERIES
E-Book / Print Book

開発者向けマーケティング
DevRel Q&A

DevRel Meetup in Tokyo 編

中津川 篤司／萩野 たいじ
Journeyman／長内 毅志／山崎 亘 著

Apple、Slack、GitHub、
Twitterが成長した裏にある秘密

impress R&D
An impress Group Company

技術の泉 SERIES

目次

- はじめに／DevRelって難しい…？ ………………………………………………… 6
- DevRelをどうはじめたら良いのか ……………………………………………… 6
- 本書の特徴とネクストステップ …………………………………………………… 6
- 謝辞 …………………………………………………………………………………… 7
- 免責事項 ……………………………………………………………………………… 7
- 表記関係について …………………………………………………………………… 7
- 底本について ………………………………………………………………………… 7

第1章　基本 ………………………………………………………………………… 9
- Q1. DevRelで成功している企業はどこですか？何が成功の秘訣でしょうか？ …… 9
- Q2. DevRelについて教えてくれる人がいません。まず何からはじめればいいですか？ …… 11
- Q3. ライバル会社のDevRelチームと仲よくするなんてあり得ませんか？ ……… 13
- Q4. 日本のDevRelと海外のDevRelって違いはあるんでしょうか？ …………… 15
- Q5. 自社サービスがありませんがDevRelを行う意味がありますか？ …………… 16

第2章　コンテンツ ………………………………………………………………… 19
- Q6. Qiitaとブログはどう使い分けていますか ……………………………………… 19
- Q7. コンテンツを届けるミッションを負っています。しかし、エンジニアは書いてくれません。どうやって巻き込めば良いですか？ …………………………… 21
- Q8. ドキュメントは誰でも見られるように公開すべきですか？ ………………… 23
- Q9. ブログは一ヶ月に何記事アップするべきですか？ …………………………… 25
- Q10. ブログを継続するコツはなんでしょうか …………………………………… 26
- Q11. ブログ記事が炎上しました。どんな対処が望ましいですか？ …………… 29
- Q12. 公式Facebookページを運用しようと思います。どんなコンテンツをどんな頻度で投稿すべきでしょうか？ ………………………………………………… 30
- Q13. 技術ブログはやるべきですか？ ……………………………………………… 32
- Q14. 技術ブログを社外ライターに任せてもいいのでしょうか？ ……………… 34

第3章　コンダクター　　37

- Q15. CfP（Call for Papers）に受かるコツを教えてください。　　37
- Q16. DevRelをやりながら最新技術についていくのがしんどいです。どうすれば良いでしょうか　　39
- Q17. DevRel活動ではどれだけ個人を主張しますか？　　41
- Q18. エバンジェリストとアドボケイトの違いはなんですか。どちらを名乗った方がよいですか。　　42
- Q19. エバンジェリストはどう評価したら良いでしょうか。　　43
- Q20. エバンジェリスト・アドボケイトはどうやって採用すればいいでしょうか　　45
- Q21. エバンジェリスト・アドボケイトは必ず雇用すべきでしょうか　　47
- Q22. エバンジェリスト・アドボケイトも開発をやるべきですか？　　49
- Q23. オンライン活動とオフライン活動、どれぐらいの比重で行っていますか？　　50
- Q24. 人前でうまく話せません　　52
- Q25. 企業によってエバ・アドとコミュニティーマネージャーが兼任されているパターンとそれぞれいるパターンと見受けられますが、どちらがよいのでしょうか？　　53
- Q26. 唯一のエバンジェリストの退職が決まりました。何をしておくべきでしょうか。　　55
- Q27. 格好良いスライドが作れません　　57
- Q28. 社外エバンジェリストのメリット・デメリットについて　　58
- Q29. 貢献してくれるユーザーにインセンティブを渡すべきでしょうか？　　60

第4章　コミュニケーション　　62

- Q30. SNSはやらないといけませんか？　　62
- Q31. Twitterアカウントに人格を持たせるべきですか？　　64
- Q32. どうやってイベントの集客をすればよいのでしょうか？　　66
- Q33. イベントに向いた、または向いていない日時や曜日はありますか？　　68
- Q34. イベントに懇親会・ネットワーキングは必要でしょうか？　　69
- Q35. イベントのドタキャンが多いです。　　71
- Q36. イベント会場を選ぶときに注意することは何ですか？　　72
- Q37. イベント後のアウトプットが増えません。どうしたらいいでしょうか。　　75
- Q38. コミュニティーが自走するまでの期間、ベンダーとしてコミュニティーにどう関わるのがよいのでしょう？　　77
- Q39. コミュニティーの懇親会費、当社が払うべきでしょうか　　78
- Q40. コミュニティーの成功や自走をKPIにしてよいものでしょうか？　　80
- Q41. ソーシャルメディアアカウントなどはプライベート用と仕事用に分けていますか　　82
- Q42. ハッカソンの賞品は何を用意すべきですか？　　84
- Q43. ハンズオンイベントで注意することは何ですか？　　85
- Q44. ブログやソーシャルメディアで炎上を防ぐには？　　87
- Q45. ファンとの距離感について　　88
- Q46. ユーザーコミュニティーを始めたいのですが、業務向けサービスなので、ファン層が見つかりません　　90

Q47. ユーザーの熱量の適切な測り方は?·····92
Q48. ライブコーディングで失敗しないためには何に注意すべきですか·····94
Q49. 出張や夜のイベントが多く、家庭との両立が難しいです。どうすればいいでしょう?·····95
Q50. 勉強会でアンケート回収は許されますか?·····97
Q51. 勉強会で名刺をもらってリードにしても良いでしょうか·····98
Q52. 度を超したマサカリにはどう対応するのが良いでしょうか·····99
Q53. 複数社のDevRelを行うケースが今後増えると予想していますが、ミートアップなど含め日程調整をどのように工夫していますか?·····100
Q54. 退職時にソーシャルメディアアカウントを削除しますか?·····101
Q55. 露骨な宣伝をしてはいけませんか?どこまでなら宣伝しても許されますか?·····103

第5章　サービス·····106

Q56. アカウント発行は自動で即座にできるべきですか?·····106
Q57. ユーザーからとても難しいor大量の質問を受けました。無償対応できる範囲にも限界があるのですがどこで線を引くべきでしょうか?·····107
Q58. ユーザーからのフィードバックを社内開発チームにエスカレーションしたい。良いやり方はありますか?·····108
Q59. 無料で使えるアカウントを用意すべきですか?·····110

第6章　マーケティング·····113

Q60. DevRelってすぐに成果が出るんですか?·····113
Q61. DevRelのゴールは何でしょう?·····115
Q62. DevRelの目標設定はどのようにすれば良いでしょうか?·····116
Q63. DevRel戦略やDevRel計画をどのように立てればいいか分かりません·····118
Q64. KPIは何を設定すればよいですか?·····120
Q65. ブログのPVやソーシャルメディアのシェア数等を評価指標にするべきですか?·····122

第7章　体制·····124

Q66. DevRelはどれくらいの人数でやりますか?·····124
Q67. DevRelは採用にもつながりますか?·····125
Q68. DevRelチームはマーケティング、開発のどちらに所属すべきですか?·····126
Q69. どうやって社内で予算を確保したら良いでしょうか·····128
Q70. どれぐらいの頻度で出張していますか?·····130
Q71. どんなに頑張っても社内の評価が低いと感じます·····131
Q72. チームでやるとすればどんな役割があるでしょうか?·····132
Q73. マーケティングに理解のある人間が社内にいません。DevRel活動を開始する前に取り組むべきことはなんですか?·····134
Q74. 他部署との関わり方はどう行うのが良いでしょうか?·····136

Q75.口下手ですが、DevRelに関わることはできますか？……………………………………138

Q76.経営層にDevRelを理解してもらうにはどうしたらいいでしょうか……………………………140

あとがき ……………………………………………………………………………………………142

はじめに／DevRelって難しい…？

　DevRel（Developer Relations）という言葉が徐々に聞かれるようになってきました。2015年春からDevRel事業を開始し、同年秋からDevRel Meetup in Tokyoを立ち上げているので、かれこれ四年かけて、ようやくここまで来たかと感じられるようになってきました。あなたの周囲にもエバンジェリストやアドボケイトと呼ばれる職種についた人がいるのではないでしょうか。念のため、DevRelとは何かを紹介します。

> DevRelは外部の開発者との相互コミュニケーションを通じて、自社や自社製品と開発者との継続的かつ良好な関係性を築くためのマーケティング手法。

　これが筆者（中津川篤司）の考えるDevRelの定義です。恐らくあなたの認識とも大きくは異なっていないはずです。

DevRelをどうはじめたら良いのか

　DevRelが徐々に知られていく中、DevRelをどう進めればよいですかという疑問が聞かれるようになってきました。数年前であれば、みんな手探りで行っていました。その結果、成功したこともあれば失敗したこともあります。そうした経験を共有することで各社のDevRel活動をよりよいものにしていこうという趣旨でDevRel Meetup in Tokyoというコミュニティーがはじまっています。しかし、ファーストステップな要素についてはなかなか表に出づらいようです。「今更聞けない」「これくらいは知っていて当たり前」なんて余計な敷居が生まれはじめているのかも知れません。

　本書ではそうした基礎的、実践的な知識が得られる書籍です。注意しておくこと、本書は体系的にDevRelを学ぶものではありません。実際にDevRelに取り組んでいく中で感じるであろう疑問に対して、すでにDevRelに取り組んでいる人たちが答える内容になっています。回答者のバックグラウンドはさまざまです。DevRelは会社やサービスの規模、性質、利用対象層などによって、やり方が変わってきます。つまり、ある疑問に対して前提条件が異なる中では、正解はひとつではありません。

　そこで、本書ではひとつの質問に対して複数の回答者がいます。彼らは数年前からDevRelに取り組んでいる人たちですが、答えは一貫性を伴っていません。なぜなら回答者もまた、回答するための前提条件が異なるからです。そうした"幅"があることをあらかじめ知った上で読んで欲しいです。そして自分にとって一番腑に落ちる答えを見つけてください。または他の回答を読んで、あなたのDevRelに活かしてください。"こうしなければならない"なんて言うつもりは一切ありません。あなたにはあなたのDevRelがあって然るべきです。本書の回答者は先行者ではありますが、彼らもまた日々悩みながら、トライアンドエラーを繰り返してDevRelに取り組んでいるのです。

本書の特徴とネクストステップ

　各質問に対してはなるべく簡潔な回答を心がけています。もし、さらに突っ込んで助言を求める

ならば、DevRel Meetup in Tokyoに参加したり、コミュニティーのSlackチャンネル[1]で聞いてみると良いでしょう。そんな時には単に「何も分かりません、教えてください」ではよくありません。自分なりのトライとその結果を共有し、その上でどう改善するのが良いのか意見を求めると言った形がお勧めです。DevRel Meetup in Tokyoはコミュニティーです、くれくれ君は求められません。みんなで知識を共有し、よりよいDevRelの世界を作り上げていきましょう。本書がその最初の一助になれば幸いです。

謝辞

この本を執筆するきっかけになったのは、とあるツイート[2]です。そのツイートでは「現場の担当者2500人からナマで聞いた　広報のお悩み相談室」を読んだ感想と共に「この本のDevRel版があったら面白いんだろうな」と書かれていました。広報のお悩み相談室はもちろん、そのツイートがなかったら本書が世に出ることはなかったでしょう。ありがとうございます。

また、本書を作成するにあたってたくさんの質問を寄せてくれたDevRel Meetup in Tokyoのメンバーの皆さんにも感謝します。良い答えは良い質問から生まれます。トリタマでいえば、質問あっての回答です。皆さんから寄せてもらった良質な質問が回答者の執筆意欲をかき立てたと言っても過言ではありません。

そしてもちろん、回答者の皆さんにも感謝です。ひとり40近くの回答、限られた時間かつ普段の仕事がある中での執筆ありがとうございます。経験を惜しみなく共有してくれる心が本書やコミュニティーを支えています。本書によって、DevRelがより広く浸透するのは間違いありません。

免責事項

本書に記載された内容は、情報の提供のみを目的としています。したがって、本書を用いた開発、製作、運用は、必ずご自身の責任と判断によって行ってください。これらの情報による開発、製作、運用の結果について、著者はいかなる責任も負いません。

表記関係について

本書に記載されている会社名、製品名などは、一般に各社の登録商標または商標、商品名です。会社名、製品名については、本文中では©、®、™マークなどは表示していません。

底本について

本書籍は「DEVREL/JAPAN CONFERNCE 2019」で頒布されたものを底本としています。

---

1. DevRel Meetup in Tokyo Slack チャンネル：http://bit.ly/devreljp-invite
2. https://twitter.com/hiroki_daichi/status/1124912458282328069

第1章　基本

> まずはファーストステップ。ここで取り上げるのはDevRelとしては基本的な内容になります。まだDevRelに取りかかっていない、またはこれから取りかかる上で上司やチームをどう説得するかに悩んでいる方に向けた内容になります。DevRelが何かといえば、次の説明に尽きます。
>
> DevRelは外部の開発者との相互コミュニケーションを通じて、自社や自社製品と開発者との継続的かつ良好な関係性を築くためのマーケティング手法。
>
> 開発者と良好な関係性を築きたいと考えたなら、今すぐにでもDevRelに取りかかるべきです！

Q1.DevRelで成功している企業はどこですか？何が成功の秘訣でしょうか？

A.開発者を飽きさせず、常にワクワクさせるのが重要です（中津川 篤司）

世界的に見ればもっとも成功した企業はApple、Google、AWSそしてGitHubでしょう。成功した秘訣として、開発者に対して真摯に向き合っているということが挙げられます。それは企業としてのメッセージの中にも現れています。別な視点でMicrosoftも興味深いでしょう。かつては開発者に嫌われていた企業ながら、ここ数年でイメージががらっと変わっています。オープンソースや最新テクノロジーを惜しみなく公開する（giveする）ことで開発者との関係性を改善しています。

日本ではSORACOMが筆頭に挙げられるでしょう。元AWSのエバンジェリストやDevRelに関わってきた方たちが多く参画しているだけあって、DevRelの進め方が上手です。サービスのメッセージ、コンテンツ、API、ユーザーグループなど随所にAWSでの経験が活かされています。AWSが今なおそうであるように、開発者を新しい世界へ導き続けています。新しい機能を次々と打ち出し、停滞を感じさせません。この力強い開発力もまた、DevRelとして大事な要素になります。新しいサービスは日々生まれており、停滞または安定、運用フェーズはネガティブな印象を持たれるでしょう。

これらの企業に共通しているのは、有言実行という意味での「デベロッパーファースト」であること、ユーザーを飽きさせずわくわくさせ続けることです。有言実行と書いたのは、メッセージだけ「開発者にフォーカスします」と書いているところが多いからです。関わっているユーザーがまさにデベロッパーファーストであると感じてもらえる雰囲気が作り出せていなければ無意味です。

A.製品軸と課題軸という異なる類型の成功事例、そこに共通するのはユーザーファーストの姿勢です。（Journeyman）

実際に上手くいっていると感じる先をご紹介したいと思います。これは、中の人にKPIを開示してもらった情報ではないことをおことわりしておきます。自分自身がミートアップに参加したり、SNSやブログでの発信を追いかけている中で機能していると感じるという基準に則っています。ま

た、企業名そのものは出しません。こういう領域のサービスでこんな取り組みをしており、結果どうなっているという視点でふたつの活動をご紹介します。

ひとつ目は製品軸のコミュニティーです。立ち上げから順調に伸び、ある領域では日本でも第一純粋想起を勝ち取る日は近いほどグロースしています。テーマは決済です。近しい決済サービスも同様にDevRelを推進しており、日本でエバンジェリズムを推進する担当がいましたが、今では開催頻度、日本全国の拡散度合い、関係人口からUGCの質・量ともに圧倒しています。

非常に近くでその違いを見て感じる上手くいってる理由をふたつ絞ってお伝えします。

ひとつは、DXが極めて優れているという点です。このDXはデベロッパーエクスペリエンスのDXです。Webから動作の確認ができるレベルのリファレンスが日本語で提供されています。数年前にはじめて会った時の驚きは今でも覚えています。

もうひとつは日本法人が独立して存在し、日本独自の機能要件に真摯に向き合い素晴らしいスピードでアップデートしているという点です。どんどんよくなるサービスはワクワクします。これは無論マーケティングに止まらず、事業開発、カスタマーサクセス含め全方位の絶え間ない挑戦の結果だと感じます。

ふたつ目は課題軸のコミュニティーです。テーマはプロジェクト管理です。ITに関わるありとあらゆる場所で、プロジェクト管理のメソッドは必要になります。プロジェクト管理のツールを提供している会社の看板はついていますが、北は北海道から南は九州まで毎月どこかでミートアップが開催され、わずか2年の間にコミュニティーは自走化し自己組織化された状態で運営されています。

どのミートアップもUGCであるツイートまとめやブログレポートを生み出すポテンシャルを持ち、普遍的なテーマであるプロジェクト管理の知見を惜しげもなく披露する多くの登壇者に恵まれ、次々に新規参画者を獲得してサステナブルに継続しています。

年次のカンファレンスもベンダーからユーザー主体で開催され直近では、単一の製品を冠しているにも関わらず300名以上の来場者を迎え成功裡に開催されました。

続いて、筆者が考えるふたつの成功要因をお知らせします。

最初にいえるのは製品軸から早い段階で課題軸にシフトしたことです。プロジェクト管理の学びに終わりはありません。サービスに依存しないテーマは枯れることはありません。プロジェクト管理の事例を知り、共に学ぶ仲間を得て、明日の課題解決に繋がる知見を持ち帰れる場です。

もうひとつは、ベンダーサイドのコミュニティーマネージャや経営層含め、その自走化を全面的にバックアップしてくれているという点です。製品・サービスそのものである製品軸ではないため、毎回手に余るほどの直接的なフィードバックがある訳ではありません。一方でその製品・サービスが扱うべきイシューに関わるひとつとして同じものがないストーリーを生で聞ける場になっています。

製品軸と課題軸、関心軸の違いはあっても機能する根本はユーザーと真剣に向き合った結果、あるべき姿になったと感じます。自社の形を作って行きましょう。

A. 企業マーケティングの枠を超え、コミュニティーが自走しているのが成功の証（長内 毅志）

DevRelが成功しているかどうかは、各企業のKPIによって異なるため、一概には言いづらいものがあります。外から見ていると「あの企業はDevRelに成功している」ように見えていても、社内の

KPI設定が非常に高く、その企業のDevRel担当者は評価されていないケースもあり、驚くことがあります。ここでは「外部から見て、成功しているように見える企業」という尺度で記述したいと思います。

その企業のDevRelが成功しているかどうかは、企業のマーケティング活動の枠を超え、その企業・サービスのユーザーコミュニティーが自らの意思で自走し、参加者を増やし、周囲に影響を与えているかどうか、という評価でよいと思います。外部からの判断という条件では、定量的な評価は難しく定性的な評価となります。

その上で、DevRelに成功しているのは次のような企業ではないでしょうか。

・AWS（Amazon）
・Microsoft
・Google
・IBM
・サイボウズ

AWSはDevRelの成功例として、もっとも有名な事例のひとつといえるでしょう。JAWS-UGという名称で各地にユーザーグループが立ち上がり、自主的に勉強会を開催。技術分野ごとに分科会というグループを作り、アメーバのように自己増殖しています。Microsoftも、DevRelに成功している企業のひとつです。「MVP」という独自の顕彰制度を作り、ユーザーの自発的な活動を裏から支えています。Microsoftはドキュメントに対する修正・校正をプルリクエストで受け付けていますが、ユーザーが自発的に修正作業を行い、品質の高いドキュメント作成に自ら貢献しています。同様の仕組みはIBMにもあり、「IBM Champion」という名称でユーザーたちの自発的な活動を促しています。

ちょっと毛色が違うのはGoogleです。Google自体のサービスに対するDevRelの枠を超えて「HTML5」「PWA」など、次世代のウェブ技術・ネット技術のコンセプトを提示し、そのユーザーグループ活動を裏から支えています。広い視点で見ると、Googleが提唱する次代の技術の啓蒙に成功しています。

海外の巨大企業ばかりになってしまったので、日本企業としては「サイボウズ」を挙げたいと思います。サイボウズは「kintone」というサービスにコミットする技術者を集めてカンファレンスを行ったり、自社ユーザーを巻き込んだ定期的なイベント・情報発信を下支えしています。DevRelに成功している企業のひとつといえるでしょう。

Q2.DevRelについて教えてくれる人がいません。まず何からはじめればいいですか？

A.最初は興味を持っている人と共同作業で始めましょう（長内 毅志）

もしあなたが担当しているサービス・製品が魅力的で、すでにユーザーが存在する場合、きっとあなたのサービス・製品についてもっと知りたい、というユーザーさんや開発者の方がいらっしゃると思います。最初は大規模な形ではなく、お茶会や飲み会など、ごく小さなコミュニケーションから始めてみませんか。

最初から予算をつけて、大規模なイベントを行って…と考えると、意外に行動に移しづらいものです。どんなに大規模なコミュニティーも、最初はごく少数のメンバーから始まることがほとんどです。コミュニティーと呼べるものが存在しないのに、あなたが担当しているサービス・製品についてブログを書いたり、Twitterに投稿している人がいるとしたら、まずは声をかけてみるとよいでしょう。共通の話題を持つ者同士、きっと話題に困ることはないでしょう。

ユーザーの皆さんは、サービス・製品に対する好意的な声とともに、「こんな情報がほしい」「こんなイベントがあればよいのに」など、なんらかの要望を持っているかもしれません。そんな要望の声こそ、DevRelとしてあなたが対応していく仕事となっていくはずです。そして、そんな活動に同意し、支援してくれるユーザーの皆さんもきっと少しずつ現れてくることでしょう。一個人が持つ情報や知恵には限りがあります。大勢の声を集めることで、より具体的で、みんなが喜べるDevRelのアクティビティを形作ることができます。

そして、DevRelの理念や活動に賛同してくれる人を少しずつ増やしていきましょう。あなたが所属する会社・組織・部署に、あなたが考えていること、成し遂げたいことを伝えて、味方になってくれる人を見つけましょう。内部、そして外部に賛同者をひろげて、人と人とのネットワークをつなげていき、共同作業でDevRelを始めていく。最初は小さな共同作業でも、集まる人が増えるごとに、より活発な、規模の大きな活動になっていくことでしょう。

A. まずはコミュニティーに参加してみましょう（萩野 たいじ）

DevRel、つまりDeveloper Relationsは、自社サービスや製品を提供している会社にとって今でこそ重要なキーワードとして認識されつつありますが、少し前まではあまり馴染みのない言葉でした。もちろん、同等の活動はこれまでもされてきましたが、それをDevRelと呼ぶことはあまりなかったように思います。

世界規模で、DevRelのカンファレンスや勉強会、ワークショップなどが開催されています。海外の一部の国ではだいぶ浸透してきたこのDevRelという言葉も、日本ではまだまだ知られていないことも多いでしょう。

そんな市場なわけですから、周りにDevRelを知っている人、教えてくれる人、気軽に聞ける人がいないのも無理はありません。

東京エリアににりますが、DevRel Meetup in Tokyoというコミュニティーがあります。本書で回答しているメンバーも同コミュニティーのメンバーです。月に一度はMeetupという形でコミュニティーイベント（勉強会）を開催しています。このようなコミュニティーは初心者へ親切なところが多いと思うので、ぜひ怖がらずに飛び込んでみてはいかがでしょうか？

多くのコミュニティーグループは、FacebookグループやSlackチャネルなど、オンラインでもコミュニケーションが取れるようにツールを使って場を作っているはずです。いきなりオンサイト参加はちょっと……、という方はぜひこのようなオンラインコミュニティーの場も活用してみてはいかがでしょうか？

DevRel活動は、テクニカル（テクノロジー）エバンジェリストやデベロッパーアドボケイトが担うことが多いと思います。会社によってはセールスエンジニアやソリューションアーキテクトと

いった人たちが担当することもあるでしょう。

　このようなロール（Role：役割）の人たちは、得てして孤独になることが多いです。そこそこの大企業なら職場内に同じロールの人が居るケースはありえますが、そうでない場合はひとりだけ、なんてこともよくあります。そうなると、相談相手が自然と外部になります。コミュニティーへの積極的な参加は、今後自分自身がエバンジェリストやアドボケイトとしてDevRelを行っていく上での大事な仲間を作る場所にもなり得るのです。

A. 入り口をしっかりと作り、外部の勉強会に参加しましょう（中津川 篤司）

　DevRelの基礎知識はあるという前提で書きます。計画を立てるべきという当たり前なことも省いたとして、施策として行いやすいのはオンラインコンテンツの整備と外部で行われている勉強会への参加ではないでしょうか。オンラインコンテンツはブログやWebサイト、ドキュメントが該当します。Webサイトに訪問した開発者があなたのサービスを見て、試したいと思う仕組みを整えておかないといけません。また、試す上で必要なドキュメントやチュートリアルも最低限必要です。これがないと、いくら広報して流入を増やしても無駄になってしまいます。むしろサービスを見て失望する分、マイナスであるともいえます。

　流入した開発者をしっかりとキャッチできる体制ができあがったら、日夜行われている勉強会へ参加してみましょう。そこに集まっている開発者はあなたが狙っている人たちに他なりません。とはいえ、そこで営業するのはもってのほかです。彼らと話をし、どんな課題感があるか、どんな解決策を選んでいるのか聞いてみましょう。そして自分たちのサービスがよいと感じてもらえる人たちがいれば、あとで案内して試してもらうのもよいでしょう。繰り返し勉強会に参加している内に、登壇を依頼されることもあるかも知れません。それは自分たちの知見を共有し、さらに大きなフィードバックをもらうチャンスです。

　結論としては、まず開発者が登録し、使ってもらうまでの流れをきちんと作りましょう。勉強会への参加はそれと平行して行えるでしょう。入り口が雑な作りになっていると、呼び込んだ開発者はザルに水を流すごとく、どんどん流れてしまうでしょう。

Q3. ライバル会社のDevRelチームと仲よくするなんてあり得ませんか？

A. 所属組織の方針に反しなければ、交流するメリットは大きいのでは（長内 毅志）

　DevRelやデベロッパーアドボケイトは、開発者とコミュニケーションを取るために、人前に出ることが多い職種です。所属する企業・組織によっては、他社のDevRelや開発者とのコミュニケーションに対してルールを設けている会社も存在します。所属する企業・組織が他社のDevRelとの交流・情報交換を禁止している場合、基本的にはそのルールに従うべきでしょう。一方で、特別な制限がない場合は、交流するメリットは大きいのではないでしょうか。

　一般的に、企業規模が大きければ大きいほど、その企業に所属するスタッフの発言は注意が必要です。悪意のある第三者やメディアが、揚げ足を取って企業に対する批判・攻撃に利用されるケースがあるからです。そのようなリスクを避けるため、大手企業ではSNSによる発信や他者との情報交換に制限をかけることがあります。ある企業は、SNSによる情報発信や人前で自社名を明かす場

合、情報発信のための試験を受け合格する必要があり、試験に合格しない限り情報発信を禁じているそうです。このように、自分が所属する企業が公の場での情報発信や交流に対してルールを設けている場合、基本的にそのルールに従うべきでしょう。

　一方で、特に制限やルールがない場合、他社のDevRelとの交流は得るものが多いでしょう。デメリットよりもメリットの方が多いのではないでしょうか。公の場で情報発信を行う立場の人間は、相応のルール・マナーを弁えていることでしょう。そんなDevRel担当者の情報発信や、人前での振る舞い方、開発者との交流方法は、何よりDevRelという仕事の生きた教材であり、参考にするべき対象です。他社のDevRel担当者との交流によって、新たな発見や情報を得ることはきっと多いでしょう。もちろん、交流にあたってはギブアンドテイクの精神で、与えてもらうだけでなく、積極的に自分からも情報発信をしてみましょう。互いに情報交換を行い、勉強し合うことで、自分自身に対するプラスのフィードバックが多くなっていくことでしょう。

A.むしろ積極的に関係を構築されることをお勧めします（萩野 たいじ）

　この質問はよく聞かれます。もちろん、人によって考え方も異なると思うので、私の見解が必ずしも正しいとも限らないですし、シチュエーションによっては当てはまらないかもしれません。それを踏まえてお答えします。

　基本的にエバンジェリストやアドボケイトという人は孤独な場合が多いです。それは仲のよい同僚が社内に居ないという意味では無く、エバンジェリズムやアドボカシーについてその意味をちゃんと理解し共感してくれる人が社内になかなか居ないという意味です。多くのケースでは、社内で新たにDevRelチームを立ち上げ、これから施策を打っていく、という感じかと思います。それは、別の質問で回答していますがエバンジェリストやアドボケイトの役割というのは短命だからです。社内の理解を得て、社員全員がDevRelに対しての理解が深まった頃、きっとその会社はすでにDevRelチームが不要になっているかもしれません。

　そうなると、DevRelを推進する人（きっとエバンジェリストやアドボケイトと名の付く人）は、なにか困ったことや相談したいことがあった時に一緒に共感して考えてくれる仲間は社外にいることが多くなるかもしれません。

　また、A社とB社が技術領域で競合だったとしても、双方のエバンジェリスト達が一緒にイベントを実施することも少なくありません。これは、自分たちがコンペであるということはいったん置いておいて、広い意味でのお互いの技術領域の市場を広めたい、といった場合に起こりうるでしょう。IoTやブロックチェーン、PaaSのCloudなんかは分かりやすい例だと思います。

　と、いうことで他社のDevRelチームと仲よくすることは悪いことではありません。情報統制を意識した上で適切に関係を構築されるとよいでしょう。

A.仲よくしないなんてあり得ないと思います（山崎 亘）

　ライバル会社ならば同様な製品なので同様の悩みを抱えていることが多く、定例ミーティングまでをする必要はないとしても、たまにコミュニケーションをとって解決方法を共有したりできるなど、お互いよい刺激になるはずです。大前提に「重要な機密情報を共有しない」ということがあり

ますが、これは何もライバル会社でなくても当たり前の話ですね。

　逆につまらないことでライバル会社の悪口を言ったり、毛嫌いしたりする態度はユーザーにも見えてしまい、DevRelとしては上手いやり方ではないでしょう。DevRel担当的にはあくまでもニュートラルな（少なくともそう見えるような）態度で顧客視点の姿勢を貫くのがいいです。ライバル会社の製品のよいところは敬意を表して素直に認め、その上で自社製品のよいところを説明する。ライバル会社のDevRelチームと仲よくするというのは、そういう姿勢の一貫だと思います。

　ライバル会社のやり方を見て、相手が自社よりも上手くやっていることがあれば、自社内で共有し、追いつき追い越せというモチベーションをライバル心を活用して高めていくのもよいでしょう。最終的にはアウトプットを最大限にすることもできるはずです。

　また、自社製品のカテゴリーの市場がまだ小さい場合、小さなパイを取り合うのではなくマーケットを拡げてより大きな需要を喚起するために、競合他社と協力して技術セミナーを開催するということもできます。このあたりは製品戦略とも絡んでくるので、製品マーケティング担当などと話し合いながら決めていくとよいです。

　実際に私も先日、競合となるだろうなと思われる製品の担当者をイベントで見かけたので紹介してもらいました。「協力してマーケットを拡げていきましょう」と握手を交わしました。同士のようで嬉しかったです。

Q4. 日本のDevRelと海外のDevRelって違いはあるんでしょうか？
A. 個々の施策に大きな違いはありません。今後は分かりませんが……（中津川 篤司）

　日本と欧米（シリコンバレーなど）での違いについていえば、個々の施策については大きな違いはないといえます。土地が広いので小さな勉強会は多くないですが、ハッカソンに参加したり、オンラインコミュニティーは盛んです。イベントを行う場合は、その開始時間やスタイルに各国の特性が出たりします。たとえばアメリカの場合は18時くらいから行われることが多いようです。シンガポールでも同様です。シンガポールは最初に懇親会があり、食事が出ます。その食事に引きつけられて参加者がある程度集まった段階でセッションがスタートします。インドは平日夜よりも土曜日の午前中が盛んだと説明を受けました。土地の治安などによっても変わるでしょう。

　日本のDevRelでは国内の限られた開発者に対してアプローチするため、狭く深くなります。自ずと開発者との繋がりは強固なものになりがちです。海外の場合、英語圏という意味では全世界中がターゲットになるので、広く浅い施策を選ぶようになります。全世界でイベントを行う場合でも、経済圏の大きな国の首都のみが選ばれるでしょう。日本のように地方都市では行われません。ただし、リーチできる数は圧倒的に英語圏の方が多くなります。

　国内市場がある程度大きい現在においては特に問題にはならないでしょう。日本企業が日本人開発者をターゲットにDevRelを行えば一定規模の経済圏を作れます。英語圏の情報をローカライズして書籍にしても一定の冊数販売されます。しかし今後経済状況が悪化するようなことがあると、日本企業においても最初から海外をターゲットにしてDevRelを行わないといけなくなるでしょう。

A. ユーザーとなる開発者との距離じゃないですか（山崎 亘）

　以前、シリコンバレーに本社があるITの会社に所属していました。年に一度全世界のDevRel、デベロッパーマーケティングの担当が集まって各自の活動の発表をしたり、ディスカッションしたりしました。しっかりとしたデータ（ファクト）に基づいた結論ではないのですが、この会議に何回か出席したり他国の担当と話したりした感想からいうと、やはりユーザーとなる開発者との距離ではないでしょうか。そして、それによって生じるのが、オンラインとオフラインの比率だと思いました。

　まず比較元となる日本から定義してみます。やはり、活動の対象となる開発者が圧倒的に東京に集中しています。ミートアップやイベントなどのリアル イベント、オフライン イベントは東京をカバーすれば、かなりの割合で対応可能です。オフラインの活動を中心に据えて、オンラインでの活動を展開するのが効果的です。

　さて、海外で、たとえば北アメリカの場合、大都市が複数あり時差もあるため、オンラインがベースになっています。セミナーもウェビナー（Webセミナー）で開催します。オンラインの活動を中心に、たまに、大きなカンファレンスに集まってくるように仕立てています。この場合には全米から集まるというよりも、全世界から集まる感じです。

　日本以外のアジアの場合、言葉の壁があるせいか、オンラインで展開というよりは、中小都市でコミュニティー活動を展開しているようでした。日本は近いのですが、やはり言葉の壁のせいでお互い行き来して効率化するのは、なかなかできません。

　ヨーロッパもアジアと雰囲気は近い気もしますが、こちらはもう少し言葉の壁が低く、英語でオンライン展開できているようでした。

　グローバル チームの一員だと、ベストプラクティスの共有やコンテンツ リソースの共有ができるし、同じ製品で同様な悩みを抱える人たちとコミュニケーションが取れるのは嬉しいものです。日本企業に転職して同様な体験はできなくなったと思いましたが、年に一度の**DevRelCon Tokyo**に参加すると「DevRel」という同じ境遇の世界の人と交流ができました。他国のDevRelと関わりたい人には、このカンファレンスはお勧めです。

Q5. 自社サービスがありませんがDevRelを行う意味がありますか？
A. 御社のビジネスが何に基づいているかによります（山崎 亘）

　自社で開発している製品やサービスが無く、他社サービスの代理店であったり、その製品やサービスを元に自社でビジネスをしていて（SIだったり教育事業だったり）、その製品やサービスの利用が活発になれば自社のビジネスが潤う場合、「仕事として」DevRelを行う意味があります。

　あるいは、自社で関連ビジネスをやっていない場合でも、DevRel活動をして有益な技術情報を積極的に発信することで、自社の優秀なエンジニアの存在がアピールでき、

・受託につながる（例:IoT分野ではあの会社は強そうだ）
・優秀なエンジニアの採用に繋がる（例:あそこではIoT案件をやれそうだ）

　などの理由で、意味が出てくる場合もあります。そういうった場合には、会社の今（今期）の目標

を達成するための全体戦略にDevRel活動を組み込んでもらいましょう。あるいはそうなるようにマネジメントを説得しましょう。実際、今私が所属する会社の別の部門はシステムインテグレーションの受託をビジネスにしており自社サービスを持ちませんが（正確には自社サービスを使ってビジネスをしていませんが）、このような理由からAWSやSalesforceのコミュニティー活動を積極的に行う、ある意味DevRel担当のような社員が活躍しています。

そうではない場合（できない場合）、業務時間外に趣味として続けるのがよいでしょう。

A. なぜDevRelを行う必要があるか考えてみましょう（萩野 たいじ）

これは非常に興味深い質問です。私は現在外資系大手クラウドベンダーのデベロッパーアドボケイトとしてDevRelを行っていますが、以前はいわゆる日本のシステムインテグレーターでDevRelの有用性にトライしていました。

自社サービスがないということは、あなたの会社はおそらく開発会社か技術系コンサルティング会社ではないかと推察します。その前提で結論から申し上げると、意味があるかないかでいえば意味はあります。確実にあります。シンプルに考えてみましょう。

システム開発会社にせよ、コンサルティング会社にせよ、その会社は売り上げを伸ばしたいはずです。営利企業なのですから当然ですよね。次に既存顧客がいるかどうかですが、現時点で経営が破綻してないのですから、おそらくは固定の既存顧客がある程度いるのではないでしょうか。では、その状況からさらに売り上げを伸ばす、利益を上げるとなると、これまでリーチしてこなかった（リーチできなかった）層の人達へ営業をかけていくことになります。そんな時、いきなり営業かけてスムーズに仕事につながるかというとなかなか難しいのではないかと思います。ここのポイントは「技術」の会社である、ということです。技術の会社である以上、開発だろうがコンサルだろうが技術を売りにしているわけで、営業がポーンと話をしに言って簡単に仕事につながるケースはそうないでしょう。

そこで、DevRelです。エバンジェリストやアドボケイトという明確なロールでなくてもよいのです。テックセールスや技術をよく知っていてコミュニケーション能力に長けたひとが世に自社や自分を露出させていくのです。これにより、ある領域ではよく知られているも別の領域ではまったく無名の会社が、いろんな開発者の目に留まるようになっていきます。そうすると、開発者は開発者の言葉を信用します。その会社、その人が技術的に確かなものを持っているのだと分かれば、向こうから相談してくることも増えてきます。

営業セクションの人がローラー作戦でかける営業と、DevRelをトリガーにして自社に興味を持ってくれた人が自ら相談してくる引き合いと、どちらがビジネスにつながりやすいかは自明だと思います。私は、これを自分が居た会社で実施し、実際にビジネスへとつながる効果があることを証明しました。

最後に注意点です。自社サービスがない会社でDevRelを行う際には、経営層がDevRelをよく知っている必要があります。そうでないと、せっかくあなた自身がDevRelで効果を出しても、その活動は正しく評価されない可能性が高いです。是非、活動の前に自社内で方向性を定めてスタートして下さい。

A. サービスの有無ではなく、ユーザーとの関係性から発想しましょう（Journeyman）

　XaaSがさまざまなエリアに浸透し、誰でもネットの環境があれば始められるウェブサービスが主流になりつつあります。一方で、今まで主流だったパッケージも非常に多くの場面で使われています。それらの違いは何でしょうか？それを紐解いてDevRelの意義を考えてみましょう。

　AWSはご存知でしょうか？ウェブさえあれば、誰でも簡単にアカウント解説し即座に利用開始できます。一方でオンプレミスが前提のB2B向けのパッケージソフトウェアはどうでしょう？数百万どころか数千万するケースも多く、導入が簡単ではありません。ただ、どちらにもそれらを手段として利用している開発者もしくは利用者がいるコトに代わりはないのでは？

　ここにポイントがあると考えています。自社のサービスでもパッケージでもユーザーはいるのです。パッケージだと営業さんが訪問して、ユーザーからのクレームや無理難題を持って来るので、辟易しているという話を聞きます。ただそれは、クローズドであれど、改良するための大事なフィードバックではないでしょうか？

　もう結論はお分かりだと思いますが、ベンダーとユーザーの垣根を超えて、サービスやパッケージの利用シーンやノウハウ、はたまた改善して欲しい点をオープンに議論する場の重要性に違いはありません。エンタープライズ向けの高額なパッケージソフトウェアを扱っている会社でもその重要性に築き、似て非なるクローズドなユーザー会からよりオープンなDevRelに向け動き出している会社をいくつか知っています。

　ユーザーあるところにDevRelあり、やり方は各社各様ですが、オープンな対話の場を構築するコトに是非チャレンジしてください。

第2章 コンテンツ

> DevRelにおいてコンテンツは基本要素のひとつともいえます。ブログ、ドキュメント、動画、スライド…あらゆるコンテンツが開発者との信頼構築に役立ちます。他のものに比べて安価に作れるのが魅力ですが、継続するのも難しい施策といえます。
> また、安価で取りかかれる分、他社も積極的に取り組んでいるはずです。そんな中で抜きんでるためにはさまざまなテクニック、試行錯誤が必要になるでしょう。銀の弾はありませんが、皆さんが感じるであろう悩みとその回答がこの章にあるはずです。
> 素晴らしいコンテンツを生み出し、皆さんの開発者を魅了する…そんな世界をぜひ目指してください！

Q6.Qiitaとブログはどう使い分けていますか

A.公式情報はブログに集約しています（山崎 亘）

　基本的に、自分でプロデュース（社内外のライター/エンジニアに依頼、または相談して内容を設定）した自社からの情報はブログに、それ以外の社内エンジニアが自由に書くものはQiitaにしています（というか、そのままにしています）。もちろん、自分で自社製品について書く情報もブログです。

　Qiitaは単発の投稿で存在し、検索されて読まれていくものですが、ブログはさまざまな導線からブログやサイトを訪問して連続して読まれる可能性もあるので、テーマに沿って、あるいは流れを作って投稿していくように計画しています。

　戦略的には、Qiitaで短めの記事を数多く投稿して検索され人目に付きやすいようにする、あるいは関連の技術の検索によって自社製品の記事がヒットし、もっと詳しく知りたい要求に応じて深く、そして場合によっては連載で内容を紹介する場合にブログが向いていると思います。ですので、ミートアップに参加してLT登壇してくれるようなユーザー（開発者）のみなさんには、なるべく登壇してスライドを公開するだけでなく読んで分かるようなQiitaか自分のブログに記事を公開するようにお願いしています（ささやかですがインセンティブも提供しています）。

　またブログは、カテゴリー分けによって整理整頓されているので、知りたい内容によりアクセスし易くも設計できます。「幅広く」をQiitaで、「より深く」をブログで、というわけです。

　というように、ブログを持っておくのは必須と思いますが、もしまだブログサイトが立ち上がっていない場合、立ち上げるまでに場合によっては時間もかかることもあります（社内調整などで）。その場合には何も情報を出さないのではなく、Qiitaなどでまずは「今出せる情報」をアップして世の中にその製品・サービスの情報が確実に定期的に出ていくようにしておくのがいいでしょう。

A. 最低限、規約と特性による区別を。次にコンテンツの種類と対象層によって分けましょう（中津川 篤司）

　Qiitaはサービス規約の中でプログラマ向けの技術情報共有サイトと銘打っています。従ってそれ以外の情報（イベントレポート、お知らせ、障害報告など）はQiitaには書けません。まずここがひとつ大きな区切りになります。次にQiita上に掲載されているコンテンツはその利用権がQiitaにもあります。コンテンツを再利用されるのに問題がある場合、それらのコンテンツを掲載するのはお勧めできません。利用権はYouTubeなどと同等でしょう。Twitterは埋め込みを通して第三者に再利用を許可していますが、そこまでではありません。

　次にプログラミングコードを載せる場合、そのライセンスが問題になります。テキストコンテンツも含まれますが、QiitaのコンテンツはCreative CommonsやBSD Licenseなどになります。つまり会社のコードで再利用されると問題があるコードを掲載するのはよくありません。自分はよくとも、後で会社や上長からクレームがつくようなコードや内容も避けるべきです。万一拡散されたりすると、そのコードがひとり歩きしてしまうでしょう。そうしたコンテンツも独自のブログに載せるべきです。

　それ以外のコンテンツであればQiitaに載せることができます。その中でもフレームワークを試してみた、技術的問題をあるテクニックで解決したといった記事はヒットしやすいです。読み手の前提知識がプログラマであるという安心感があるので、技術ワードの解説が少なくて済むのもメリットです。ビギナー向けの記事は独自のブログで、少し難しいテクニカルな話題はQiitaといった使い分けが個人的にはお勧めです。

A. 流入元としてのQiitaを最大限活用し自社コアコンテンツを届けましょう（Journeyman）

　自社サイトや申し込みフォームへどう行った流入経路をデザインするかに関わります。ただ、現在のQiitaは強力です。「技術要素名 Qiita」での検索は自分もよく行うようになりました。

　QiitaはUGCなので、質の問題はよく話題になりますが、多くの技術要素、新旧、技術に関わる設計やテスト、チームビルディングやマネジメントまで、開発に関わるありとあらゆるコンテンツが集積されています。その意味では入り口としてのまとめ的なエントリーとしてのQiitaから本来本当に知りたかった情報に行き着くコトも少なくありません。

　つまり、LP（ランディングページ）のように使うという方法があります。オーガナイゼーションという形で自社をくくるコトもできるので、公式として伝えるコトも可能です。データはありませんが、検索エンジンでのリーチの高さも自社ブログよりは高いケースが少なくないのではないでしょうか？

　自社ブログではUGCでは出せない情報を中心にQiitaの投稿傾向なども踏まえて、投稿企画を考えるコトも戦略のひとつです。公式ブログで似たようなコンテンツを書いても情報の集積スピードも検索スコアもQiitaが今持っているパワーには叶わないでしょう。

　ただし、1点だけ注意しておくと、Qiitaは無料の技術ブログプラットフォームです。万が一の備えはお忘れなく。

　Qiitaと自社ブログ、お互いの特性をうまく利用しアウトカムを出せるよう戦略的に取り組みま

しょう。蛇足ですが、Qiita:Zineとしてリブランドされたオウンドメディアも運営されていますので、コラボできると面白いかもしれません。

Q7.コンテンツを届けるミッションを負っています。しかし、エンジニアは書いてくれません。どうやって巻き込めば良いですか？

A.エンジニアにとってのメリットはなんでしょうか？（萩野 たいじ）

　よく状況がわからないのですが、あなたは何かしらの技術コンテンツ（チュートリアルやアプリ作成手順やTips、ブログなど）のオーナーで、そのコンテンツをエンジニアの方に書いてほしい、でも書いてくれない、という認識で話をしてみます。

　まず、エンジニアの方々にとって、そのコンテンツ作成は仕事ではないという風に見受けました。（書いてくれない、と言っているので）本人たちにとっての仕事であれば嫌でも書くでしょうしね。

　では、仕事ではなく、ボランタリーベースでの協力を得たい、ということであれば、書いたエンジニア自身にとってのメリットやベネフィットが必要です。自分の名前が表に露出するとか、メーカー公式のコンテンツ作成者として名前が掲載されるとか、もっとフィジカルにインセンティブがもらえるとか。

　技術コンテンツの作成は思いのほか骨の折れる作業です。書くためには技術検証を行い、実際に問題なく動くことが確認できてなくてはなりません。そのコンテンツ（記事など）での方法がある特定のバージョンに縛られてはならないのであれば、苦労は更に大きくなります。そんな作業をベネフィットなしてボランティアとしてお願いするのは無理でしょう。

　また、コンテンツのネタ自体はコンテンツオーナーであるあなたが作成する必要があります。エンジニアの方にネタ出しからお願いしてるとは思いませんが、あくまで主体者はあなたであることを忘れずに、エンジニアの方々とのコミュニケーションを取るようにしてみてくださいね。

A.マネジメントを巻き込むのがいいかと（山崎 亘）

　もし片手間で、つまり業務外で書いてもらうとしているのなら、書いてくれないのは仕方ないです。業務が忙しいし、忙しくなければワークライフバランスでプライベートに時間を割きたいし、技術的に興味のあることを試したりしても、コンテンツを書く作業をエクストラでやらない、というかやれないのは当たり前だと思います。

　では、どうするか。しっかりと業務の一環としてコンテンツ作成を位置づけるのです。そのためにエンジニアのマネジメントに「コンテンツの充実がもたらす効果」を説明し、明確にするのです。この効果とは、たとえば、

・新規ユーザーの獲得
・サポートセンターへの問い合わせの削減
・既存ユーザーのリテンション（カスタマーサクセス的効果）

などが挙げられます。つまり直接顧客に働きかける（＝コミュニケーションをとる）ことと同様な効果どころか、それよりも効率的に効果が得られると理解してもらいましょう。そうすれば、社内エンジニアがコンテンツを作成することは会社に貢献することですから業務の一環として、エン

ジニアのミッションとして指示が出されるわけです。

以前に在籍していた会社では、顧客サポートのエンジニアが業務時間のうち決まった割合をコンテンツ作成に割くよう指示が出ており、各エンジニアも目標設定の項目のひとつとして掲げていました。その結果、顧客からの問い合わせはなるべくFAQコンテンツとして同様な問い合わせが来てもすぐに対処できるように、あるいは顧客にFAQをガイドして問い合わせ自体を削減できるようになりました。

また、プリセールスのエンジニアが顧客用に提出した資料を元に共有資料として一元化していましたが、この中からピックアップして外部向けのコンテンツとして当時は小冊子にしていました。今ならオンラインコンテンツでしょうが、冊子という物理的なコンテンツは営業の場でも使える優れたツールになり得ます。

というようにロジカルに展開すれば、きっと社内エンジニアもコンテンツを書くようになっていくでしょう。それでもまだ渋っている人が居れば、裏技として「名前出しでオンラインにコンテンツを出すと、転職活動的に良い効果があるよ」と吹き込む手もありますね（大っぴらにはいえませんが！）。

A. エンジニアは書いてくれない前提で取り組みましょう（Journeyman）

コンテンツマーケティングの担当でオウンドメディアの編集長兼メインライターをしていた経験からリアルな実態をもとにお伝えします。

大前提ですが、エンジニアがコンテンツを書くことは、本業ではありません。一方、マーケターでDevRelを担うあなたは本業です。ここには決定的な差があります。エンジニアはソフトウェアやサービスのコードで評価されてます。つまり、コンテンツを書くのは、関係ないコトであり、至極面倒なコトでもあるのです。

よって、社内のエンジニアに書いてもらうコトを前提にするのはやめましょう。非常に難しいミッションであるコンテンツ担当を一大決心して引き受けたものの社内の誰も味方してくれない、瞬く間に計画は頓挫しモチベーションもマイナスに転落、気持ちまで荒んでしまいます。

では、どうするのか？頼らずに書くにはどうしたら良いか？を考えてみてください。すべて自分で書く、外部のライターさんにお願いする、社外のファンの方に寄稿してもらう、など実は色々方法があります。目線を変えてみると見えてくる解決の糸口があります。

でも、どうしても社内で内製でという場合についてお答えします。自分の実績値ですが、100本のコンテンツだとしたらそのうち書いてもらえるのは10本程度です。いわゆるキャズム理論のアーリーアダプター層の割合と考えると良いと思います。自分の場合は、出自がエンジニアだったコトもあり、基本的に自分で書くという選択をしました。

書いてくれそうな方を見つける、見つけたら書く上で必要なすべてを整えて期限を切らずにお願いする、それらを徹底しても書いてくれるのは数名であり、多くて数本です。

ただ拘っていただきたいのは、上からの指示や強いインセンティブで無理矢理コンテンツを捻り出すコトは決してしない、という点です。共に学ぶコトが土台にあるDevRelで致し方なく産み出されたモノはその活動そのものを死に至らしめるリスクを孕んでいます。

何のために書くのか、目的を見失わず企画、運営していきましょう。

Q8.ドキュメントは誰でも見られるように公開すべきですか？

A.公開すべきだと思います（山崎 亘）

これは誰も異論はないような気がしますが、すぐに思いつくだけでも次の様な3つの理由から公開すべきです。

・トライアル版になり得る
・アクセスが容易になる
・会社の姿勢が分かる

ひとつひとつ見ていきましょう。

【トライアル版になり得る】

私の担当する製品はかなりの範囲で無償で使える機能がありますので、今のところトライアル版を用意する必要はありませんが、登録してお金を払って使用する製品の場合には機能を試用してもらい製品を評価してもらうためにトライアル版を用意することがあります。昨今は徐々に少なくなってきましたがローカルのPCにインストールする製品は、試用期限を設けたり機能制限をかけたりと、一手間かけて通常製品とは異なるバージョンを作成することがあります。ドキュメントを公開すれば、実際に製品を試用することなく機能や使い易さを評価できるため、この手間を省くことができます。

【アクセスが容易になる】

仮にドキュメントを公開しない場合、この場合の意味は「購入者」あるいは「契約者」に**限定して公開**する場合と捉えますが、そのゲートとしてログイン（サインイン）することとなりアクセスに一手間増えるため、製品自体の使い勝手も悪くなります。また、ユーザー（開発者）が自分の知見をQiitaなどで公開する際にもドキュメントを引用することがありますが、URLを貼り付けるだけでなく、文章をコピーする手間がかかります（ドキュメントがアップデートされることもあるため、文章コピーは製品ベンダーとしてはあまりやって欲しくないことです）。

【会社の姿勢が分かる】

デベロッパー ファーストを標榜するオンライン決済サービスのStripeは、そのドキュメントの使い勝手の良さから開発者に人気です。とことん使い勝手の良さを追求している姿勢がドキュメントの作成姿勢から伺えるからです。

もし「公開すべきではない」などと意見するマネジメントがいたら、これらの理由で説得してください。

A.ドキュメントは公開して、誰もがアクセスできる環境にあるべきです（長内 毅志）

ここでいうドキュメントが「マニュアル」「リファレンス情報」など、サービスを使うための情報を指す場合、すべて公開して、誰もがアクセスできる環境にあるべきです。非公開にする理由は、思い当たりません。どのような製品・サービスであっても、初めて触る人にとっては未知な情報で、

どこから着手してよいか分からないものです。そんなユーザーにとって、ドキュメントはもっとも重要な情報となります。たとえそれが断片的で、未整理な状態であっても、公開することによるメリットの方が大きいはずです。

ただし、次のような情報の場合、公開する前に確認が必要です。

・再現性があるかどうか、未検証の情報

・正確性が担保できない情報

ユーザーは「公式で、正しい情報である」という前提でドキュメントを読みます。もし書かれている情報が再現性がない、不安定なものだったり、不正確な場合、ユーザーに不要な時間を使わせてしまったり、余計な手間を発生させることになります。このため、ドキュメントを公開する前に、情報の検証が必要です。

もしドキュメント情報が不確実だったり、内容の検証が完全でない場合、かつ、どうしても何らかの情報公開が必要な場合、前提条件をつけて公開する場合は考えられます。たとえば、公式ドキュメントからリンクを張って、ブログやgistのようなページに「未検証の情報を含みます」など、但し書きをつけて公開する。たとえば、GitHubのレポジトリとして公開し、ユーザーからの修正リクエストを受け付ける、など。実際に、外資系の大手ソフトウェアメーカーも、原本となる英語のドキュメントを機械翻訳を交えて公開しつつ、同じデータをGitHub上に公開し、ユーザーからのプルリクエストを受け付け、随時修正を行っているケースがあります。

もしあなたが手がけているサービスのドキュメントが英語などで書かれており、完全に検証しきれない場合、但し書きをつけて公開し、日本語訳が済んでいるものは日本語訳を掲載。未翻訳の箇所は英語をそのまま公開する、という方法もあるかもしれません。あまりきれいな公開方法ではありませんが、「Done is better than perfect.」の精神で、公開方法を検討するのもひとつの手段です。

A. ドキュメントを非公開にするメリットはどこにあるでしょうか（中津川 篤司）

ドキュメントがログインしないと見られないのはドキュメントがPDFであるのと同じくらい愚策です。セキュリティを気にしているケースもありますが、ログインするだけでセキュリティが担保されるという考えが間違っているでしょう。ユーザー登録を複雑にしたり、数日間の企業調査を入れたりしても解決できる問題ではありません。そんなセキュリティを気にしている企業の何倍、何十倍も巨大で、政府なども利用しているクラウドベンダーのドキュメントが公開されているのはなぜか考えた方が良いです。自分たちの技術力のなさを棚に上げているだけかも知れません。

検討段階において、ユーザー登録しないとドキュメントすら見られないというのは大きな問題です。もし他社がドキュメントを公開しているならば、もうアウトです。ドキュメントを公開していないサービスはその時点で選択肢から脱落するでしょう。あえて敷居を高くするメリットがありません。かつて「この程度の障壁を乗り越えられないような人はいらない」と語る例もありましたが、実に傲慢で手前勝手な意見です。開発者視点になれないサービスは選ばれない方が良いでしょう。

たかがドキュメントと思うかも知れません。しかし、根底にある考え方がドキュメントの非公開に現れているのです。自分たちの技術力に自信がない、傲慢な態度などです。それらはサービスの説明や認証の仕組み、画面のUIなど細かいところに現れます。そうした小さなことの積み重ねに

よって、開発者に選ばれないサービスができあがるでしょう。

Q9. ブログは一ヶ月に何記事アップするべきですか？

A. 定期的に更新できる程度の、無理のない数字設定をおすすめします。（長内 毅志）

　ブログやオウンドメディアを立ち上げた直後は、どうしてもコンテンツ数を増やして、メディアそのものに厚みを加えたくなるものだと思います。立ち上げ時は更新回数が多くなりますが、基本的には無理のない数字を設定して、「記事数よりも定期的な更新ができているか」を意識した方が良いです。

　Twitterを始めとする多くのSNSは、情報が大量に流れていく「フロー型」の情報メディアです。一方で、ブログやオウンドメディアは、「ストック型」の情報メディアと呼ばれています。ブログはTwitterなどに比べて、検索エンジンによる情報発見がしやすく、過去の情報が繰り返し参照されるメディアです。実際にブログやオウンドメディアの担当者に話を聞くと、「良い記事はじわじわと閲覧数が増えていく」と話します。瞬間的にアクセス数を稼ぐバズ的な記事もありますが、それはごく一部で、多くのブログ・オウンドメディアは、公開後、長い期間に亘って繰り返し参照されるのです。

　このようなストック型のメディアの場合、短期間に多くの記事が公開されても、全体のPVにはあまり影響がありません。ストック型メディアは、長期間に亘って情報を蓄積し、必要に応じて訪問者に情報を提供する、データベースのような側面を持っています。このため、無理をして記事数を一気に増やすよりも、長期に亘って安定的に記事を公開していけるような運用を目指した方が良いでしょう。

　たとえば、あなたが「頑張れば週1回は更新できそうだ」と考えた場合、実際には「2週間に1回」、もしくは「月に2回」程度の更新を目指す方が現実的ですブログ専門の編集部があり、複数の担当者がアサインできるような場合は別として、一般的な組織のブログやメディアの場合、さまざまな作業の合間にブログを更新することの方が多いでしょう。突発的な仕事や割けられないタスクは必ず発生します。「頑張ってなんとかできる更新回数」ではなく「予期せぬアクシデントがあっても無理なく運用できる更新回数」を考えた方が良いです。

　ブログの運用は長距離走に似ています。一時的にスパートをかけるのではなく、長い距離を完走するように、無理のないペースで走っていきましょう。

A. どれくらい書けるかはリソース次第。リソースは費用対効果で分かります（中津川 篤司）

　何記事アップすべきかはリソースによって変わります。大事なのは定期的に更新することです。できるだけ増減がないよう、リソース配分としてちょうどいい案配で考えるべきです。無理して20記事を書いたとしても、継続性がなければ意味がありません。週2記事であっても継続性を持たせるべきです。社内の開発者に書いてもらうのであれば、本業に支障をきたさないレベルで考えるべきで、そのためにはまずひとつの記事を書くのにどれくらいかかるのか測定しなければなりません。4時間かかるとしたら、週40時間勤務における10%のリソース消費になります。これが許容できるかどうかです。

また、ブログを書いたことによる成果にも注目しましょう。サービスや自社にとって得にならない記事を書いても意味がありません。もしブログ記事から問い合わせやユーザー登録につながる可能性が見いだせれば、よりコストをかける価値が生まれます。読まれない、読まれても何も生まない、書くのもしんどい……。そんなブログは長続きする訳がありません。開発者にとって、会社のリソースを使ってブログ記事を書くのは楽しいかも知れませんが、DevRelとしてはきちんと費用対効果を算出すべきでしょう。

　大事なのは継続性です。Googleは新しい情報を検索上位にあげる傾向があります。そして継続されることでドメインの信頼性を向上させ、開発者とのタッチポイントを継続的に生み出すのが大事です。コンテンツマーケティングにおいては一瞬のバズよりも、定常的なアクセスを大事に考えるべきでしょう。

A.正確性を忘れず現実的なゴール設定をしましょう（Journeyman）

　べき論で語れない正解のない問いだと思います。書き手、届ける側の都合でお伝えします。自分が実際にオウンドメディアの編集長兼メインライターを担当していた時の本数は毎週1本をベースラインにしていました。

　ただし、取り扱っているサービスが複数あったためテーマを決める時もそれほど苦労しなかった状況でした。

　いわゆるブログを書くためには取材、材料集めが必要になります。執筆テーマに則って、実際にコーディングをしたりスクリーンショットを取ったり、インタビューであればアポイントを取りインタビューをし写真を撮ったり、とそれなりに準備が必要です。

　ご自身がエンジニアでもあり、実際のサービスの中身やコードに関する内容であれば、それほど時間はかからないかも知れませんが、公式として公開するモノです。無論、社内の査読時間、最終的な広報チェックも考慮に入れる必要があります。すべて確認する必要はないかも知れませんが、法務の確認が必要なケースもあるでしょう。

　外部のリソースに協力を仰いで、執筆そのものの負荷を排除するコトも頻度を決める上で重要なファクターです。活動予算との兼ね合いも忘れてはならないポイントです。

　間違った情報を発信しない体制の整備を念頭に、ご自身がアウトプットする時間以外の関係先の作業時間も踏まえて、更新頻度を考えましょう。

Q10.ブログを継続するコツはなんでしょうか

A.ひとりで書こうとせず、組織内（外）に協力者を作りましょう。小ネタを定期的に投稿しましょう。（長内 毅志）

　ブログが継続しない理由はいろいろとあると思いますが、経験則から考えると次の要因が多く見受けられます。

・担当者がひとりで担当している
・内容の濃い大作を書こうとしている
・更新が不定期である

企業やサービスのブログを立ち上げるまでは、社内承認などを含めて複数のステークホルダーが関わるケースが多いです。一方で、立ち上がったあとは、専任・もしくは他の業務と兼任の担当者がひとりで従事し、更新などもその人ひとりに丸投げ、というパターンがよくあります。

　ひとりでブログを書くというのは、作業的にも心理的にも負担が大きく、なかなかブログが続かない要因のひとつです。

　ブログに専任の担当者をアサインできる企業や組織はそれほど多くないと思います。そういった場合、他の作業と兼任で構わないので、ひとりではなく複数人でバーチャルなブログ担当チームを作るのがおすすめです。

　必ずしも同じ部署でなくても構いません。複数の部署をまたがる形でブログ担当チームができれば、ネタ出しのときにもチームを超えてアイディアが生まれます。場合によっては、ブログ担当チームのメンバーだけでなく、そのメンバーが所属する部署の誰かから、ブログネタを拾うことができるかもしれません。

　ブログ担当チームは、必ずしも同企業内・同組織内に限る必要はありません。場合によっては、外部の企業やメンバーにゲストライターとなって、書いてもらうのひとつの方法でしょう。同じ組織内の人間にはない、外部の新鮮な視点によるブログ記事は、ブログ担当チームに良い刺激があることでしょう。

　次に、ブログ記事の内容を見直し、「大作主義に陥っていないか」を振り返ってみましょう。読み応えのあるブログ記事は、時間を超えて長く読まれます。しかし、いつも大作を書こうと頑張っていると、「この程度の内容でブログを公開してよいのだろうか」という悪循環に陥りがちです。大きなネタでなくても構わないので、まずはある程度まとまった内容を投稿するようにしてみましょう。

　インタビュー形式で、誰かの話を聞き、その内容を文字起こししてブログ記事にする、というものひとつの方法です。ブログを書くという行為は、どうしてもひとりのライターによる単独作業になりがちで、ライターがネタや文章の枯渇状態になることもありえます。インタビューの形で誰かに質問を行い、その回答をブログ記事化するという方法は、一般的なウェブメディアや、出版社の書籍でもよく使われる手です。誰かに質問をする、対話をする。その内容をコンテンツ化してしまうのです。

　定期的に更新することも重要なポイントです。ある程度のスケジュールを作らないと、ブログの投稿は自然に止まっていくものです。「良いブログ記事が書けたら投稿しよう」と考えていると、書き上がるまでは更新がままならず、不定期更新⇒ブログの停止、という状態に陥ってしまいます。「月に◯本、◯週間おきに公開する」という形であらかじめスケジュールを立てておくと、自然にブログ更新のサイクルができ、途中で止まることは少なくなります。その際、大事なことは「無理なスケジュールは作らない」ということ。もしあなたが「週に1度なら、なんとか更新できるかな」と考えている場合、余裕を持って2週間に1本、もしくは月に2本ぐらいのスケジュールにしておくと良いでしょう。スケジュールというものは、予期せぬ要因で遅れるものです。多少のバッファを見て、余裕のあるスケジュールでブログの運用を回すことを意識してみてください。

A. 読み手をイメージし、期限を切らずに届ける意識で書く（Journeyman）

　公式のオウンドメディアを立ち上げ、編集長兼メインライターをつとめていました。その際に気を付けていたポイントをふたつご紹介します。

　ひとつ目は「期限を切らず、アウトカムをベースで運営する」です。編集長としてのロールは、企画から公開までに関わるパートで、コンテンツの執筆そのもの以外すべてでした。公式でブログを書くと毎週書くや月2本など特に決める必要はないですが、区切りを設定するコトが多いと思います。ただ、それは機能しないコトを運営してすぐに確信しました。

　立ち返ってブログを書くという手段を通して得たいアウトカムは何でしょう？サービスを知って貰うコト、使って貰うコトではないでしょうか？それは読み手が玉を握っている部分です。読み手視点で考えた時に、期限を切ってブログを準備するコトは、提供者側の都合でしかありません。そのサービスと出会えて良かったという読み手の体験こそアウトカムです。

　自ずと答えは見えてきます。良いコンテンツを生み出すコトにフォーカスして筆が乗らない時は無理して書かない、を自社のルールにするコトです。書き手と読み手が双方納得できるブログは簡単には書けません。しっかり向き合って書けるタイミングを大事にするコトで、自分ゴト化し書きたい欲求が生まれやすくなります。好きこそ物の上手なれ、作業にしないコトがコツです。

　もうひとつは「具体的にイメージできる体温のある読み手を意識して書く」です。これらのマインドで書き進めると、より深い関わりを持ってブログを書けるようになってきます。というのも、自分ゴト化して書いたコンテンツは、読み手のリアクションもよく、届いている実感が得られるからです。そこから、読み手が知りたいコト＝自分が届けたいコトがどんどんシンクロして行きます。この段階になると、企画が途切れるコトもなく、読み手との双方向のコミュニケーションの中で、強いていえば手紙を書きたくなるような感覚で、ブログを届けたくなってきます。その時に大事なのが誰に届けるのか？という問いです。リアルにイメージできる血の通った読み手の存在は、非常に強い書く動機付けになります。繰り返すコトでブログはいつしか、顔の見える"あなた"に向けて届けるストーリーになります。

　まとめます。読み手とまっすぐ向き合うコトから始めましょう。その先に生まれる読み手との対話が継続への道です。

A. 超大作を狙わず、書く時間を用意し、評価制度を作りましょう（中津川 篤司）

　企業でブログが続かない理由は主に三つあります。
・ネタが枯渇する
・書く時間がない
・評価されない

　ネタがなくなるのは、ついインパクトある内容を狙ってしまうからです。あなたの会社のブログにそこまで期待している人はいないでしょう。超大作、全日本が泣くような作品を狙う必要はありません。すでに経験している、新しく調べずに書けるようなネタで十分です。そういったネタの場合、すでに知られているから書く必要がない、当たり前な内容は書きたくないと言った意見が出るはずです。しかし安心してください。あなたの常識は他人の非常識で、世の中にはその情報を知ら

ない人の方が多いのです。少なくとも、社内で経験した内容は社内にしか存在しないはずで、それをアウトプットする意義は大きいです。

　むしろ、新たに学び直してアウトプットするようなネタは避けましょう。気になる技術があって、それを調べた結果をアウトプットするならいいですが、アウトプットのために学ぶのはお勧めできません。新しい試みがうまくいくか分かりませんし、すでに自分の中にある知識をアウトプットするのに比べて工数が大きくなります。アウトプットの裏付けとして調べるのは良いですが、アウトプット時において新たな学びはコストになってしまいます。

　次に書く時間がない、という問題です。これは組織体制の問題でしょう。会社のためにブログを書くのであれば、それは業務時間内で行うべきです。業務時間外で行えというのであれば、それはサービス残業と何も変わりません。書く時間を会社としてちゃんと確保するのであれば、この問題はそもそも発生しないはずです。そういった意味においても新たに学ぶ必要がある記事は書くべきではありません。開発者としては会社から時間をもらって技術調査ができるのは楽しい時間かも知れませんが、会社としての費用対効果は大きくありません。

　最後に評価されないという問題です。これはそもそも社内にブログを書くことによる評価制度が存在しないことが原因です。開発者としては、開発を滞りなく行う方がプラス評価につながるのであれば、当然そちらを優先するでしょう。ブログを書くのがボランタリーであり、評価につながらないのであれば誰も書いてはくれません。むしろ間違った情報による炎上などが起き、マイナス評価につながったりすればアウトプットを萎縮してしまうことでしょう。

　ブログによるアウトプットが多い会社では、アウトプットによるプラス評価制度が整っています。その上でPVを狙うのではなく、きちんとした自社にマッチした技術的アウトプットができているかを判断します。PVなどを基準にすると、小さな（それほどPVが期待できない）記事を書きたがらなくなります。常にホームランを狙うのではなく、息長く継続的にコツコツとヒットを積み重ねるのが企業としての技術ブログの価値につながります。評価基準の設計についてはその点を加味して行うべきでしょう。

Q11.ブログ記事が炎上しました。どんな対処が望ましいですか？
A.エバンジェリストとして真摯な対応を心がけましょう（萩野 たいじ）

　これは難しい問題ですが、残念ながらよく起きる問題でもあります。そもそもなぜ記事が炎上するのか考えていきましょう。

　技術系の記事で考えられるのは次のどれでしょうか？
1．記事の内容に嘘がある
2．公として不適切な表現が含まれる
3．個人攻撃の対象になっている

　これらの内1と2は自分が巻いた種ということで、真摯な対応を心がけましょう。決して取って付けたような言い訳を返さないことです。間違いは間違いと認め、指摘してくれたことに謝辞を述べ、速やかに記事を修正するか削除しましょう。間違いや不適切な表現を指摘するユーザー（読者）はしばしば高圧的な態度でものを言ってくる事がありますが、張り合わないでください。テクニカル

エバンジェリスト、デベロッパーアドボケイトとして、大人な対応が望まれます。

　一方、3の個人攻撃のケースですが、内容があまりにもひどく周り（所属会社や同僚、ユーザーのみなさんなどのステークホルダー）に影響が広がるようでしたら、ブログ運営会社などに訴え運営会社の立場から注意するよう促してもらうのもひとつの方法です。基本的には、実態のないいわれのない攻撃に対しては、まともにやりあってはいけません。下手に反応せず、ある程度様子を見ることが大事と思われます。

　ここでの回答は、あくまで私の個人的な経験に基づくものなので、すべてのケースには当てはまらないでしょう。記事の炎上はよくあることだけに、ケースバイケースで柔軟に対応を検討することが必要だと思います。

Q12.公式Facebookページを運用しようと思います。どんなコンテンツをどんな頻度で投稿すべきでしょうか？

A.週1、毎日、日に2回と頻度をあげて行きましょう（Journeyman）

　中の人を1年以上経験して、無茶せずどう投稿頻度をあげて行ったのか実践的な経験をお伝えします。

　スタートした直後はオウンドメディアのコンテンツをフィードする投稿をしていました。コンテンツ自体概ね週1回の公開を目指していたので、それに呼応する更新をしていました。コンテンツ作成もメディア運用もすべてインハウス（内製）だったので、それなりにハードでしたが、新サービスのローンチ時はよくある状況だと思います。

　ある程度コンテンツが溜まって行くと、新たに公式Facebookページにいいね！やフォローをいただいた方に過去のヒットエントリーを紹介する取り組みを始めました。投稿のリード文を毎回工夫し、OGPやTDに含まれないストーリーを添えるコトで、改めて読んでいただけ伝わるコトを実感しました。その流れで、リアクションが多い人気記事のランキング、直近1ヶ月や半年などの閲覧数など、色々なバリエーションでランキングを発表しました。

　コンテンツ視点でもうひとつ強力なのがメディア掲載の紹介です。ただし、コレは狙って毎回取れるモノでもないので、掲載されたら忘れずに紹介すると考えれば良いです。

　もうひとつの軸がイベントです。カンファレンスやイベントを主催する場合、開催案内、募集開始、セッション決定、締め切り間近、当日の会場案内からセッションの様子、登壇者・参加者への御礼など投稿することは沢山あります。

　どちらかといえば、ライブ感のあるTwitter向きかも知れませんが、あまり構えずに投稿しましょう。ページがとても活発な良いモノになります。

　イベント後のアフター投稿も大事です。ツイートまとめ、参加者のブログの紹介、オウンドメディアなどがあれば、公式イベントレポートなど、逐次紹介しましょう。

　このように少しずつコンテンツの幅を広げて行くと、日に2回程度の頻度で更新するコトはそんなに難しくありません。また、予約投稿が可能なので、ライブである必要ない投稿は事前にセットしておけます。是非利用してください。とにかく継続が大事です。無理ない範囲で、公式Facebookページを活き活きとしたモノにして行きましょう。

A.Facebookならではのコンテンツを（山崎 亘）

　ソーシャルメディアには、Facebook以外にもTwitter、Instagram、LINEなどがポピュラーです。せっかくFacebookを選んだのですから、Facebookらしいコンテンツを投稿して運用すれば良いでしょう。では、具体的にはどんなように？というのがみなさんのお悩みだと思います。結論からいえば、普段みなさんがプライベートで投稿したりする方法や、「これいいな」とか「これ嫌だな」とか思うことに留意して運用してください。

【Facebookらしいコンテンツ】

　まずはFacebookらしいコンテンツから。Twitterと異なり140文字制限がありませんが、必要ではない限り長すぎる文章は避けた方が良いでしょう。コンテンツはモバイル端末で読まれることが多いので。300文字程度がいいというのがソーシャルメディアのコンサルティング会社のレポートに書かれていました（あと、小手先のテクニックですが、平仮名をなるべく多めにするといいとの結果も）。

　Facebookだけの機能ではありませんが写真も欠かせません。ファンのウォールは激戦区です。仲の良い友達や、熱狂的なファンのタレントや、ミュージシャン、俳優、そして広告であふれています。それらの投稿は指先で軽く流されていますが、少しでも目を留めてもらうには写真などでビジュアルに訴えた方が絶対に良いです。Facebookならば360°写真がアップできるので、RICOH THETAなどのカメラを使ってミートアップの様子を撮影してアップするのも効果的です。

【投稿頻度】

　Twitterでは、ミートアップなどで「とにかくみなさん投稿を！」と、頻度を高く、なるべく多く投稿してもらいました。公式アカウントも余裕があれば「実況ツイート」と称し、スピーカーの発言を一言一句ハイライトして投稿したりしました。ですが、あれはTwitterのタイムラインだから許される話です。Facebookのウォールは激戦区と書きましたが、それを勝ち抜くために連投してしまうと非常に高い確率で「いいね」を外されます。あなたのページのファンではなくなってしまいます。これは公式アカウントによる投稿に限らず、友人の投稿でもそうですよね。ひとりの人の投稿はどのくらいの頻度ならば許容されるか考えてみてください。先に述べたコンサルティング会社によると少なくとも3時間程度の間隔を空けるのが良いとのことです。薬ではないですが、「1日3回、1回300文字」と考えておけば良いですね。

　私は、ワンデイカンファレンスなどで投稿したい内容がたくさんある場合には、開演直前に1回、「今日はXXXX（イベント名）なので、若干投稿多めです。ご容赦ください」とお断りを入れておきます。で、中間のタイミングで盛況感を出した写真付きの投稿を出し、夕方の閉演時に感謝の言葉と共に写真付きで投稿するというパターンを取っていました。

　あとは投稿日の間隔です。毎日投稿できればそれに越したことはありません。それが理想です。難しいならば、週3日、せめて週2日、絶対に週1日は死守しましょう。あと豆情報ですが、アナウンスなどの大事な投稿の前には小まめに投稿した方がファンのウォールに表示されやすくなりますよ。

【投稿内容】

　内容としては公式ならではの「アナウンス系」がまず挙げられます。「イベント告知（しかも速報）」、「新リリース情報」、「メンテナンス情報」などです。ソーシャルメディアならではのリアルタ

イム、かつ登録している（「いいね」している）人専用にいち早く届けられる情報という優越感が出せるコンテンツがいいです。

次は「ピックアップ系」です。「この機能ご存知でした？」とか、「QiitaでXXXX（自社製品の名前）について、こういう参考になる情報が投稿されていました」とか、「ユースケースや事例紹介」といった内容です。頑張ってQiitaに投稿してくれた内容はぜひシェアして多くの人の目に触れるようにしてユーザー（開発者）のモチベーションを上げられるようにしましょう。

いろいろと説明しましたが、一番大切なのは読んでもらう人に「少しでもいいから」**役に立つ**情報であることです。この点に留意して投稿するようにしましょう。

Q13.技術ブログはやるべきですか？

A.継続可能な体制ができれば行う価値は十分あります。やらないことも選択肢のひとつです。（長内 毅志）

ブログに求められることは「継続性」です。もし継続可能な体制を作ることができ、更新にめどが立ちそうであれば、ブログを開始する価値は十分にあるといえるでしょう。もし続けることに不安を覚える場合、無理にブログを立ち上げず、別な手段で技術情報を訴求することも選択肢のひとつです。

ブログは誰でも立ち上げ、始めることができるメディアのひとつです。立ち上げ・開始までのハードルが低く、気軽に始められるのが魅力のひとつです。一方で、始めるのは簡単ですが、継続することは難しいメディアでもあります。誰でも立ち上げることができるということは、同様の技術情報を発信するプレイヤーも多いということもいえます。勢いで立ち上げたのは良いけれど、何を書けばよいか分からない、という理由で、更新が止まることはよくあるパターンです。

このため、技術ブログを立ち上げる際は、次のようなチェック項目を設定し、継続可能なめどが立つかどうかを検討しましょう。

・技術ブログの目的はなにか
・誰がブログの管理を担当するか
・無理のない更新頻度はどのぐらいのサイクルか
・社内でブログ立ち上げに対する賛同者を集められるか、協力者は存在するか
・どのような内容、方針で更新を行っていくのか

これらのチェック項目がクリアでき、更新のメドが付きそうであれば、挑戦する価値は十分にあるでしょう。技術ブログは、製品・サービスの活用情報やリファレンス情報を発信・共有するのにとても適した手段です。公式ドキュメントではカバーしきれない、さまざまな情報を発信できるメディアです。上手に活用することができれば、情報発信の幅が広がり、ユーザー・パートナーとのエンゲージメントの構築に大きな役割を果たすことでしょう。

逆に、開始にあたって更新のめどが立たず、継続できるかどうかわからない場合、無理に立ち上げないことも選択肢のひとつです。公式なブログという形でなくても、たとえばQiitaやはてなブログなど、非公式な形でも情報発信を手段が他にもあります。最初は、そのような外部サービスを利用して情報発信を行い、ある程度情報発信のリズムができたら、改めて公式ブログを立ち上げる

検討をしても良いでしょう。

A.やらない手はないでしょう。ただし継続性を担保できる低負荷な仕組みを作りましょう（中津川 篤司）

　ブログをはじめとするコンテンツマーケティングは安価、すぐにはじめることができます。その意味において、DevRelのファーストステップとしてお勧めです。ブログのPVであったり、そこからのコンバージョンはオフライン施策に比べて測定もしやすく、アーカイブとして蓄積されるので結果も積み重なっていきます。測定しやすいということは、費用対効果が分かりやすく、さらに費用をかけるべきか否かの判断もしやすいでしょう。

　しかし、無策にはじめるのはお勧めできません。多くの場合、最初の月に五本くらいのブログ記事が並び、翌月に二本、三ヶ月目にはなくて四ヶ月目に一本出して以後更新なしというのがよくある駄目なパターンです。計画性なしに、最初に頑張りすぎると良い結果につながりません。月二本でも良いので、定期的に更新し続けるのが大事です。コミュニティーを運営している場合、イベントレポートを残すのも良いことです。情報がフローで流れてしまいがちな現在、アーカイブは後々大きな意味を持ってきます。

　炎上などを恐れるあまり、公開までのフローが複雑になるのはよくありません。書く側も、チェックする側も負担が大きくなります。誤字脱字や言い回しの問題であれば、Wordなどを使って自分でもチェックできます。日本語に対応したLintツールもありますので、自動チェックする運用にしても良いでしょう。後は書いてはいけないレギュレーションをあらかじめ決めておき（細かく決めすぎないことも大事です）、書き手のモラルに任せた運用がお勧めです。

A.技術ブログを通して24時間365日繋がれる仕掛けを作って行きましょう（Journeyman）

　むしろ、やらない理由は何でしょうか？マーケティングに少しでも関わっている方であれば、ネット上にデジタルのアセットをストックするコトに躊躇はないはずです。マーケティングでいえばコンテンツマーケティングになります。是非行いましょう。

　非常に費用対効果が高くメリットが大きいブログですが、代表的な理由をふたつだけご紹介すると共に、負の側面もひとつご紹介します。

　コンテンツマーケティングは比較的費用を掛けずにどんな規模の会社でも始めやすいというメリットがあります。いざ何かをしようと思った時に最初に向かうのはネットの検索エンジンであるコトが多いでしょう。また、継続的な発信をするコトで、その分野に関連した情報源として検索エンジンに認知され情報が届きやすくなります。

　技術ブログである理由は、シンプルで読み手として想定しているユーザーが開発者だからです。彼らがサービスを利用する当たって知りたいであろうコトをコンテンツにして行きましょう。簡単なチュートリアル、リファレンス、サービスのアップデート、他サービスとの連携のニュース、ユーザー事例、イベントレポート、コンテンツのネタはさまざまです。

　もうひとつが、24時間365日インバウンドで情報を届けられるというメリットです。イベントを通してサービスを知ってもらうのはとても良い手法ですが、物理的な制約も大きいでしょう。一方、デジタルでの情報発信は疲れを知らず、場所を問いません。当たり前ですね。

流入を広告で行うなどお金を掛けなくても技術者らしくハックするコトで、検索順位上位に掲載されるようにすれば、オーガニックな状態で自社が訴求したいキーワードから辿ってもらうコトにも挑戦できます。開発者が知りたいと思った時に時間も場所も超えて繋がれるメリットは大きいです。

負の側面というと少し大げさかもしれませんが、24時間365日世界中の人に届くというコトは、間違いや不適切な表現、公平性を書いた言説なども見つかりやすいというコトです。

何日か前に投稿したブログが実際にはやってみた過程で掲載したスクリーンショットの間違いで、「ここの技術ブログはいい加減、この手順だとできない」などと投稿され、拡散されているかもしれません。

最近では、大企業でも広報や法務が入っていないのではと思われる公平性を著しく書く発信が続きよく炎上している場面に出会います。間違いは認めて正しましょう。迅速な対応ができるフローを考えておきましょう。

技術ブログを通して24時間365日繋がれる仕掛けを作って行きましょう。

Q14.技術ブログを社外ライターに任せてもいいのでしょうか？

A.カルチャーを意識しきちんと査読をするコトで非常に有効な手段になります（Journeyman）

コンテンツマーケティングを行い、オウンドメディアの編集長兼メインライターをつとめていました。その時、さまざまな事情ですべてインハウスで内製化していました。

その中で、さまざまなオウンドメディアの担当者と知り合い意見交換して得た結論です。

すべての記事の企画、編集方針、多くの記事のメインライターを務める中で、どうしても書けない、筆が乗らない時期があります。これはコンテンツが生産する紋切り型のモノではなく、制作する試行錯誤を常に伴うクリエイティブなモノだからに由来しています。

社外のライターさんにお願いできればと思ったコトが度々あります。仕事柄素晴らしいコンテンツを書かれている方と繋がっているため、あの人に寄稿してもらえないだろうかと考えました。

自分のオウンドメディアを応援して読んでいただける書ける方がいれば、是非コラボしましょう。先方のオウンドメディアや媒体へ自分から寄稿するコトでまずGiveをするのも良い選択です。

任せる土壌は、自分が長い年月をかけて積み上げてきたオウンドメディアが持つ人格を理解しており、社内ライターさんが書く文章がカルチャーフィットするか？だと考えます。

ライターさんの名前を前面に押し出して掲載する場合は逆にそのライターさんがこれまで書かれているコンテンツが担当するオウンドメディアにフィットするかを判断基準にしましょう。

コンテンツマーケティングを担当されている方はワンオペが多いです。是非、カルチャーを意識して一緒に歩める社外ライターさんを見つけて良いコンテンツをより多く届けられるようにしましょう。

A.ありだと思います。ただし、文責はDevRel担当者・ブログ担当者が等しく持つようにしましょう（長内 毅志）

企業ブログの運用を、外部の編集プロダクションやライターに任せているケースをよく見ます。同様に、技術ブログを社外のライターや編集プロダクションに任せるという方法は「あり」だと思

います。その一方で、文章を自社・自製品のブログに乗せるということは、文章に対する共同責任が発生することでもあります。公開する前には必ず目を通し、内容に間違いがないか、問題ないかを確認した上で、公開した方が良いでしょう。

運営方針にもよりますが、ブログは比較的内容が自由に設定できる媒体です。技術ブログの場合、通常のブログと異なり、守るべき事柄としては

- 掲載している情報が正しい
- 情報、もしくはコードに再現性がある

の2点がとても重要です。

技術ブログの大きな役割のひとつに、「ドキュメントでは解釈しきれないリファレンス情報を共有する」ことがあります。ドキュメントは仕様的に正しい情報を載せることが重要である一方で、その仕様や機能を利用した実装方法、活用方法に踏み込むことはなかなかできません。技術ブログは、そんな「実装方法」「活用方法」などのリファレンス情報を公開・共有することに大きな役割を果たします。その一方で、リファレンス情報として、製品・サービスの仕様を正しく理解し、活用していることが求められます。社外ライターさんが参画する場合、どうしても細かな仕様や機能を把握しきれない場合があります。そんなときに、ブログ担当者は開発チームの協力を得ながら、正しい情報を提供する必要が出てくることでしょう。コードを掲載する場合、そのコードに再現性はあるか、確認をする必要があるでしょう。

これらの、外部ライターだけではカバーできない部分をサポートするのが、ブログ担当者（DevRel担当者）の仕事になりえます。開発チームと外部ライター、そしてDevRelと、うまく共同体性を作りながら、技術ブログを書いていきましょう。

A. 継続性において外部ライター起用はお勧め。ただしスキルセットに注意（中津川 篤司）

私はいくつかのサービスにおいて外部ライターを行っているので、その立場からいえばイエスです。ただし、中の人もブログを書くべきでしょう。外部ライターと中の人では書ける文章の違いがあります。たとえばサービスで使っているソフトウェアやアーキテクチャ、運用テクニックなどは中の人でしか書けない内容です。逆にサービスが利用している技術の体系的な内容であったり、インタビュー記事などは外部ライターにも任せられます。

注意点としては技術系のライティングを依頼する場合、ライティングスキルと技術スキルを両方持ち合わせている人に依頼することです。ライティングはできるけれど技術スキルがなかったり（その逆も）、どちらであっても苦労するでしょう。中の人にライティングスキルがなかったり、書く時間が確保できないという場合にはライティングだけを外部に依頼することもできます。その場合であっても、技術用語が分からないと書くのは難しいので技術スキルを持ち合わせた人に依頼した方が良いです。

外部ライターに依頼するメリットは、記事がコンスタントに作られるということです。技術ブログの欠点はプロジェクトの進行によって制作数が左右されてしまうことです。忙しい時にはついついライティングは後回しになってしまいます。その結果、それほど忙しくない時でも書かれず、放置される結果につながるのです。コンテンツマーケティングでは継続的なコンテンツ提供が肝にな

ります。放置され、サービス自体の継続性が疑われたりしないよう、定期的なコンテンツ投入には気を配らないといけません。

第3章　コンダクター

> 　コンダクター、つまり人です。たとえばエバンジェリストであり、アドボケイトと呼ばれる人たちです。DevRel が開発者との繋がりを形成する限り、人という要素は欠かせないでしょう。それは社内、社外両方を含みます。人はシステムのようにゼロイチで動きませんから悩みどころも多い領域ともいえるでしょう。
> 　プログラマーやエンジニアからエバンジェリスト、アドボケイトになったという人は多いですが、その職責がそれまでと違いすぎて混乱するケースも少なくありません。エバンジェリストやアドボケイトはまだ誕生して歴史の浅い職種だけに、企業によっても求めるものが違うこともよくあります。
> 　エバンジェリストまたはアドボケイトになりたての方、これから社内で育成しようという方向けに役立つQ&Aになることでしょう。

Q15.CfP（Call for Papers）に受かるコツを教えてください。

A.なぜあなたが話すべきなのか、それを簡潔に説明しましょう（中津川 篤司）

　まず第一はイベントのテーマと合っているかどうか考えることです。宣伝色を消した上で、話ができるのかも考えてみましょう。そして、自分がその話をするのに相応しいかどうかを考えましょう。同じ話であっても、人と立場によって心に刺さる、または刺さらないということはあると思います。あなたがその相応しい立場の人であるかどうか考える必要があるでしょう。話したい話をする人に限って、自分たちの製品を押し売りするような話をされたりします。

　裏技として、運営担当者と個人的に知り合っているかどうかが影響することもあります。全く無関係の他人よりも、知っている人を優遇してしまうのは人として致し方ないことです。また、運営担当者に連絡して、状況を聞いてみることもできます。改善した方が良いポイントがあるか聞いたり、どんな話なら聞きたいと思ってもらえるか尋ねても良いでしょう。より運営担当者の望む話が組み立てられれば、CFPも通りやすくなるはずです。

　CfPの内容としては、簡潔でインパクトあるものを選びたくなるようです。捻った書き方をしていたり、その国の文化を知らないと分からないような書き方をしてたりすると相手に伝わりづらくなります。話す内容はもちろん、聴衆にとってどんなメリットがあるのか、カンファレンスにどう貢献できるのかを明示するのが大事です。

A.自分でなくてはならない理由を明確にしましょう（萩野 たいじ）

　CfP、つまりカンファレンスなどに対する登壇プロポーザルですが、次のことを明確に記載するようにしましょう。

　　：何を話すのか？開発者カンファレンスなら具体的な技術名や手法などを明記しましょう

自分のセッションを聞いた後に何を得ることができるのか？

　時間やお金を割いて聞きに来てくれることを意識しましょう

そのセッション内容が自分にしか話せない理由
　自分の経験や知識を元に自分にしか話せない事をアピールしましょう

　これらは、最低限しっかりと明確に記載するべきです。加えて、海外カンファレンスへのCfPの場合は、少し大げさかな？と思うくらいに、自分をスピーカーに選ぶべきである、と力説しても良いと思います。日本と違い、謙遜することは美徳ではありません。自身のあることは胸を張ってアピールしましょう。「あなたは私をスピーカーに選ぶべきです。なぜならこれこれこういう理由でこうだからです。私を選ぶことで、このカンファレンスはより盛り上がりを見せることでしょう！」くらい書いても良いと思います。

　もうひとつ、意外と大事なのは本人のBIO（プロフィール）です。その人の経歴や持っている技術、各種技術などへの貢献度合いなど、は見られています。

　実際に自分でカンファレンスを運営し、CfP選定をしていて感じるのは、内容が魅力的なのは勿論のこと、そのスピーカーが壇上に立てば、オーディエンスが盛り上がるであろうと想像できる人を選びたくなると言うことです。

　もちろん公正に審査し選定していますが、選ぶのは人ですから、CfPを読んだ人の心を動かすようなCfPを作成することを心掛けましょう。

A. 実は、私も知りたいです（山崎 亘）

　いや、本当にこれはもうその通りで、私もたくさんの意見を知りたいです（心の声）。ですので、ほかの回答者の意見も楽しみにしています。

　年に一度、世界各地で行われるDevRelのカンファレンス、「DevRel Conference」は、CfPで登壇者が募集されます。私は2019年3月開催の東京の回でCfPへの応募が選択され登壇しています。実は、その前にロンドンで2018年12月に開催された回でもCfPに応募しましたが、残念ながら選外でした。根本の内容はほぼ一緒です。東京の回はもしかすると応募人数が足りなかったから選択されたのかも知れませんが、前回の選外からその次の回までにCfPを私なりに工夫して変更しました。

【客観的にデータ（数字）を使う】

　最初の提出時には不足していた具体的かつ客観的なデータ（数字）を加えました。たとえば、
　「コミュニティーのメンバーが劇的に増えた」は、
　「コミュニティーのメンバーが半年で150人、400％増えた」
　というようにしてみました。「劇的」というのは主観であり、受け取り側によって想像される数字は異なりますから。あるいは具体的に想像されずに全然アピールできないことも考えられます。

【対象者に応じたストーリー】

　「セッションを聴いてくれるであろう人たち」「セッションを聴いて欲しい人たち」が、「何を悩んでいて」「何を聴きたがっているのか」。これらを想像してストーリーを展開するようにしました。たとえば、コミュニティーの立ち上げ時に自分が悩んで、悩んで、悩んだ結果、失敗して（これでもOK）、ちょっと上手く行き始めている（大きくでももちろんOK）という話を、前述のように数字を交えて話せる内容をCfPに応募するのが良いでしょう。

逆にこのあたりが、データもストーリーも付けて話せないようであれば、CfPで悩んだりする時間がもったいないので、データやストーリーが付けられる実績づくりにいそしんだ方が良いです。そういうマインドを持ってDevRel活動をしていった方が実際効果的な気がします。

最後におまけです。改めて、こう見てみると、CfPもプレゼンテーションと同じように思えます。ショート プレゼンテーションのテクニックを用いてCfPを書いてみるのもきっといいですね。

Q16.DevRelをやりながら最新技術についていくのがしんどいです。どうすれば良いでしょうか

A.欲張らず、特定領域のエキスパートを目指しましょう（萩野 たいじ）

そうですね、これは色々なところでよく聞く問題ですね。私もそう感じている部分もあります。しかし一方で、これってDevRelをやっていることが原因なのか、と考えると実はそうでもないのではないかと思ったりもしています。

これから挙げる例は私が実際に経験してきた中で語るもので、そのポジションの方すべてに当てはまるわけではありません。

たとえば、システムインテグレーターで働くエンジニアの場合、常に特定のプロジェクトへアサインされている状態です。自身の活動はすべて工数で管理されており、仕事中に新しい技術をキャッチアップすることは困難です。では業後にできるか？そんな時間があればプロジェクトの仕事をやらなくてはならない空気が現場にはあったりします。良いこともあります。そのプロジェクトで利用している技術に関しては実践で使えるエキスパートになれるということです。

次に管理職系です。私の経験では社長職、ライン管理職、それからプロジェクト管理職がありますが、いずれにしても日々の庶務、調整業務などに追われ、なかなか勉強の時間が取りづらいです。さらに困ったことにこれらのポジションでは尖ったITに関する技術が求められないのです。求められない→スキルアップしなくても評価される→新しい技術を学ぶモチベーションが上がらない、となります。

次に研究開発職です。研究開発職では、期間とテーマを決めてその領域を徹底的に研究し、試作品のアプリを作成したりしながらその成果、結果をレポートにまとめていきます。ここでの目的は評価結果、実験結果を実際の現場の役に立つように報告することです。プロジェクトアサインのケースと同じく、対象の技術についてはエキスパートになります。しかし逆にそれ以外の技術を新たに学ぶ時間はとても取れるものではありません。

DevRelロール、つまりテクニカルエバンジェリストやデベロッパーアドボケイトといった人たちも同じで、DevRelをやっているから勉強できない訳ではなく、目の前の仕事とどう付き合うかを考えれば良いでしょう。

たとえば自社APIを世に放つのが役割だとしたら、そのAPIを使ったデモアプリは仕事の一環として作っているはずです。そのアプリ部分に新しい技術やトレンドの技術を適用してどんどん作っていくのはどうでしょうか。

あとはDevRelをやっていればOSSへのコントリビューターを目指すのも良いと思います。

私の感覚では、広くあまねくキャッチアップしようとすると破綻するので、ある特定の技術領域に絞って、そこのエキスパートを目指すのが良いと思います。ブロックチェーンもコンテナもサーバーレスもWebもモバイルもIoTも全部お任せください！なんて事を目指さないように頑張ってください。

A. リファレンス実装など、仕事の一部として技術に触れるのはどうでしょう（長内 毅志）

専門職としてのエンジニアと比べると、DevRelはコードを書いたり、技術そのものに触れる時間がすくなるのはやむを得ないところがあります。お答えになっているかどうかはわかりませんが、DevRelの仕事の一環として、最新の技術を無理やり使うような仕事を作ってしまう、というのはどうでしょうか。

DevRelの仕事はいろいろありますが、よくあるものとして
・ハンズオンの講師
・APIなど自社技術の紹介
・技術文章、リファレンス実装の方法紹介

などがあります。たとえばハンズオンの講師を担当する場合、DevRel担当者自身が内容を考え、シナリオを作る場合が多いのではないかと思います。そのときに、他社の最新技術を組み合わせ、自社技術を紹介しながら他社の技術と絡ませてしまう、というものです。

自分の経験談をご紹介します。自分が、あるウェブCMSのハンズオンを担当することになりました。普通であれば、WebCMSを利用してページを更新したり、ウェブサイトを作る、というシナリオが一般的ですが、そのウェブCMSはAPIを持っていたため、少しシナリオをひねって
・ウェブCMSのAPIと、AIの画像認識・自動翻訳機能を連携してみる
・ウェブCMSに画像を登録するときに、画像を認識して、自動的に画像の説明文章を挿入する
・ウェブCMSでページを作成するときに、AIの自動翻訳を利用して、英語の文章が自動生成される

といった内容にしてみました。こうして、仕事の一環としてウェブCMSの使い方を紹介しながら、クラウドのAI技術を勉強し、連携するといった内容にしてみたのです。このハンズオンはおかげさまで好評のうちに終了することができました。

自社技術やサービス枯れた機能の紹介だけで終わるところを、一捻りして、最新の技術と連携するようなシナリオを作ってしまうのです。こうすることで、最新の技術に触れつつ、DevRelの仕事も遂行していく。場合によっては、他社と連携して共同ハンズオンやセミナーを行うなど、新しい仕事を開拓できるかもしれません。いつもの仕事、いつものルーチンで終わらせるのではなく、発想を変えて、仕事の中に最新技術に触れる時間を無理やり作ってみると良いかもしれません。

A. 技術領域はひとつだけではありません。他領域にも目を向けてみましょう（中津川 篤司）

最新の技術についていくのが大変、というのはエバンジェリスト・アドボケイトがよく抱える問題です。そのため、多くのエバンジェリスト・アドボケイトは2、3年間活動した後、開発者に戻ったりします。元々開発が好きな人たちが多いので、技術から離れてしまうのを嫌がるのでしょう。活動の多くが技術の切り売りになってしまっているのも問題視されています。エバンジェリスト・

アドボケイトになった直後は最先端の技術的実績を持った人であっても、数年経つと陳腐化してしまいます。その結果、新しい技術力を獲得すべく、開発の前線に戻っていくのです。

しかしエバンジェリスト・アドボケイトは自社サービスだけでは関われない、他領域の技術力が求められます。別な技術と自社技術を組み合わせた時にどんな化学反応が起きるのか分かりません。また、そういった技術は別な領域において最先端のものであり、本業のサービスを開発している中では利用できないものも多いです。その意味では、自分たちのサービスがターゲットにとして考える領域の技術だけでなく、幅広い技術に興味を持って取り組めるスキルが求められます。

最近の技術であればIoT、ブロックチェーン、AI/機械学習などがトレンドでしょう。エンタープライズ領域においては別なキーワードに注目が集まっています。そうした技術キーワードに対して自社サービスがどうアプローチできるか、それを考えて実践し、コードとして示すのもエバンジェリスト・アドボケイトの役割といえます。こういった情報収集は普段から外に出てアンテナを張っている方向けのタスクといえるでしょう。

Q17.DevRel活動ではどれだけ個人を主張しますか？

A.個人のタレントもマーケティングの手段のひとつです。自社のマーケティング活動の中でマネージしましょう。（Journeyman）

ルールはありません。あるのはマーケティングにおけるアウトカムです。個人を主張するのか、チームを主張するのか、ブランドを主張するのかもすべて手段のひとつ、戦略のひとつに過ぎません。

出すべきは成果、アウトカムです。その意味では、答えはサービスの特性、外部の開発者との関係性、個人のタレントを鑑みて、百社百様で決めるものです。

ただし、サービスやブランドや会社は自社のものですが、個人は本人のものです。退職のリスクがあり、軸に据えるにはリスクが高過ぎるというだけです。個人がブランドやサービスと直結して、退職と同時に廃ってしまう。または、移籍先にユーザーごと移ってしまう。無論、個人軸だとその危険はあります。

適宜タイミングを見ながら早いサイクルで戦略を決め、軸のポートフォリオをマネージして行きましょう。その時の判断基準はマーケティングのアウトカムを生み出すか？です。ビジネスのグロースを担っている以上、最初にあるのは感情ではなく理論と戦略です。

A.セルフブランディングは常に意識していますが自分が何のアドボケイトであるかは大事です（萩野 たいじ）

我々の仕事は、自社の製品やサービスを世の開発者の方へ広める事です。そのためのアプローチのひとつとしてDevRelという手法があると考えます。そう考えた時に、質問者様の仰る「個人の主張」というのが良い方向に作用する場合と、その反対になる場合とがあるでしょう。

自分のわかりやすい例を挙げます。私はIBMのデベロッパーアドボケイトというロールで自社のクラウドを広める事が仕事です。一方で、以前はMicrosoft MVPとしての側面も持っていました。こちらは完全にプライベートです。しかしながら、個人の主張（たとえばIBMの活動中にMVPとしてのビジビリティ（Visibility：可視性）を過剰に意識したり、MVPとしての活動中にIBMのデ

ベロッパーアドボケイトであることを過剰にアピールしたり）は自分自身のセルフブランディングとしては良いのかもしれませんが、アドボカシー対象としているサービス、製品のベンダーからしてみたらあまりよくないケースもあると思います。

このように、セルフブランディングはエバンジェリストやアドボケイトとしては大事ですが、「自分が今何に対してアドボカシー活動をしているのか」を常に意識することで、個人の主張と所属組織への貢献のバランスが取れるのではないかと思います。

A.個人的には度が過ぎるのは好きではありません（山崎 亘）

これも当然といえば当然なのかも知れませんが、0でも100でもありません。可能な限り個人を出さないようにするのも、可能な限り個人を主張するようにするのも違います。このことはみなさん理解なさっていると思います。

では、どの程度なのか。まず、「個人をどれだけ主張するか」です。プレゼンテーションでまず冒頭にした方がいいとされるのは、クレディビリティの提示、つまりこのプレゼンテーションをする価値が自分にありますよ、みなさんにお話しするにふさわしいですよ、という信頼性の提示です。逆にNGなのは変にへりくだって「私のような者が……」とか「あまり時間がなくて」とか最初にエクスキューズみたいなことを言ってしまうことです。聴衆はその時点で聞く気が無くなってしまうか、集中力が落ちてしまうかなどのネガティブな印象を持ち、話を聞く態勢としては最悪になります。

DevRel活動で個人を主張するのは、この「クレディビリティ（話を聞いてもらう意欲を湧かせるもの）の向上」に寄与する程度だと考えます。個人を主張、自分個人を分かってもらって人間的な付き合いをして、「ああ、彼（女）の言うことならまずは聴いてみるか」とか「彼（女）になら話してみるか」と思ってもらうことを第一の目的とし、それ以上は慎むべきです。あくまでも主役はDevRelの対象の製品・サービスです。では逆にまったく個人を主張しないと、「ビジネスライク」「とっつきにくい」とか思われますし、もしかすると「自分たちのことを蔑んでる」と思われてしまう可能性だってあります。

最後に、これは個人的な感情かもしれませんが、個人を主張し過ぎているエバンジェリストは好きになれないし、たとえばソーシャルメディアへの投稿に対する一部のファンによる、ある意味熱狂的ともいえる反応にも眉をひそめてしまいます。それら少数の人たちの変な盛り上がりは、それ以外の多くの人たちに悪影響となるでしょう。つまり、本来のミッション、自社の製品に対してのDevRel活動、にとってはマイナスに働く要因があるということです。つまりのつまり、「個人の主張は"ほどほど"に」ということです。

Q18.エバンジェリストとアドボケイトの違いはなんですか。どちらを名乗った方がよいですか。

A.両者に大きな違いはありませんが、意味を知ることで活動範囲にも影響があるかも（中津川篤司）

自社に在籍していない開発者を対象にするという時点でエバンジェリストとアドボケイトの大きな違いはないように感じます。イメージとしてはエバンジェリストが大勢を目の前にして、自社製

品の魅力を語るのに対して、アドボケイトは自社製品を使っている、またはこれから使おうという開発者と一緒に彼らの課題を解決し、利用促進を促していくイメージがあります。とはいえ、アドボケイトが登壇しない訳でもありませんし、エバンジェリストがサポートをしない訳ではありません。ハンズオンやハッカソンのようなイベントではチューターとして開発者と一緒に開発を行います。

　エバンジェリストは宗教的な意味合いでは宣教師になります。そのため、人々（DevRelにおいては開発者）を導き、道を指し示すという意味合いが強くなります。アドボケイトは代弁者という意味です。声なき開発者の声を拾い、彼らの課題感やその解決策を提示するのが役割になるでしょう。最近ではサポートやその発展版たるカスタマーサクセスに注目が集まって言います。アドボケイトもその流れを担った存在といえるかも知れません。

　エバンジェリストという響きに何となく上から目線的なものを感じてしまうとしたら、アドボケイトでも良いのではないでしょうか。逆に、自分たちが作り上げようとしている新しい世界観へ開発者を導きたい、彼らを鼓舞したいと思うならばエバンジェリストがしっくりきそうです。

A.どちらでも良いですよ、しっくり来る方を名乗りましょう（萩野 たいじ）

　そもそも、デベロッパーアドボケイトやテクニカル（テクノロジー）エバンジェリストというロールそのものが、昔は一般的では無かったものです。さらに、英語そのものの意味を日本で解釈するには無理があることも否めません。

・エバンジェリスト＝宣教師、伝道師
・アドボケイト＝代弁者、提唱者

しばしば説明のためにこのように訳されたりはしますが、ますますピンとこないですね。

　どちらのロールにしても共通しているのは「自社サービス・製品を啓蒙し、ファンを増やし、ユーザー数の増加に貢献し、最終的に自社の利益に還元させること」です。このような役割を担っているのであれば、あなたはエバンジェリストですし、アドボケイトです。

　さらに、会社によってはこれらのことを行っているロールは、セールスエンジニア、ソリューションアーキテクト、テックコンサルタント、開発者マーケッター、などさまざまな呼称が使われていたりします。じゃあ彼らはDevRelをやっていないか、と言われたら程度の大小あれどやっているでしょう。つまりエバンジェリストと呼んでも差し支えないような人たちな訳です。

　一部の解釈では、エバンジェリストが一方的な啓蒙活動、宣伝活動を行うのに対し、アドボケイトはよりインタラクティブなコミュニケーションを行い開発者の声を拾い上げ自社へフィードバックする、という違いをうたっていますが、結局これらは言葉の定義の話なのであまり意味がありません。大事なのは何をやっているか、ですから。そういう意味で、自分が（または自分の所属する会社が）しっくり来る方を名乗りましょう。

Q19.エバンジェリストはどう評価したら良いでしょうか。

A.KPIの決め方が難しいロールです（萩野 たいじ）

　テクニカルエバンジェリスト、デベロッパーアドボケイト、これらのロールは定量的なKPIが定めにくいです。なぜなら、我々の活動は種まきに近い部分があり、短期的に数字につながらない事

が多々あるからです。

　営利企業がある年度の予算を立てる時、たとえば2019年度は自社SaaSの登録ユーザー数を1,000人増加させる事を目標に、年間で300万円の予算を積んだとします。（ものの例えなので適切な金額感かどうかは無視して下さい）その場合、2019年度中に1,000人以上増加するか、未達か、未達の場合は何パーセントの達成率なのか、を年度の終わりに評価すれば良いですね。セールスの考え方ではそれでOKだと思います。

　一方、我々DevRelをやっているロールの目的は、開発者とベンダーの信頼関係を構築すること、ファンを増やすこと、自社サービスの質を向上させるためのフィードバックをすること、などになります。これらは、なかなか数字では表しきれないですし、1年で結果が出ないケースもあります。そうなると、通年目標でのKPIにはし辛いですね。

　しかしながら、営利企業の中でDevRelをやっている以上、何かしら結果を見える形で残さないとお金を積めないのも事実です。よくあるケースでは次のような項目をKPIとして立てます。

・イベント実施数（企画、登壇など）
・Blogなど技術記事の公開数（PVやエンゲージなどをトラック）
・開発者へのリーチ数（イベントでの集客やデジタルリーチなど）
・営業やコンサルへの貢献（実案件への発展度合いなど）

　このように、自分の活動、貢献を目に見えるKPIとして置いておき、本質となる開発者からの信頼や自社のファン育成、最終的に自社サービスのユーザー数増加へつなげていく、といったシナリオを描き経営層と現場とで認識合わせをすることが大事だと思います。

A.目的を明確にし、その目的が達成できたかどうかです（山崎 亘）

　いずれの質問にも同様に回答していますが、まずは「目的」を明確に定義することです。そして、評価する側とされる側でしっかり共有しましょう。常識かもしれませんが、評価は数字で測れる形のものに最終的に落とし込んだ方が、評価される側だけでなく、する方にもハッピーです。

　さて、具体的にはどのような評価がいいのでしょうか。DevRel活動の対象製品・サービス（今回は製品としておきましょう）がまだ初期フェーズの場合、エバンジェリストの活動目的がアーリーアダプターのユーザー、しかもしっかり興味を持ってもらう人を獲得することにしたとします。まず100人はないとして、私なら5人を確実に獲得、というかこちら側に来てもらう（別に入社させるわけではないですが）ようにします。そして、その最初の5人によるアウトプットが、Qiita投稿数xx件、LT登壇数（スライド公開数）xx件、そういう数値をKPIにします。

　製品がもう少し成熟したフェーズにある場合、先に挙げた数字の桁数が変わるだけでなく、たとえばユーザーの集中するのが東京だけでなく関西や九州地方など製品戦略に合致した形で展開できているかどうか（地方の数で計測）、想定する年齢層のユーザーがいるかどうか（LT登壇数で計測）、ベンダー主催でないユーザー コミュニティーがxx数以上あるかどうか。こういったような活動の結果で変化する数字で評価するのがいいでしょう。エバンジェリストの活動の数だけで評価しない方が「結果にコミット」する決意が表れ、マネジメントにも理解されやすくなります。繰り返しますが、活動は目的を達成するためであり、その目的は会社の考える製品戦略に沿った形であるのが

前提です。

Q20. エバンジェリスト・アドボケイトはどうやって採用すればいいでしょうか
A. ポテンシャル採用も有効だと思います（萩野 たいじ）

　テクニカルエバンジェリストやデベロッパーアドボケイトというロールへ憧れ、そうなりたいと思う人は結構いるように感じます。一方で、そのロールがオープンになってもそこに応募してくる人は少なかったりする事実もあります。理由はさまざまだと思いますが、その多くは「興味はあるけど、経験がない」じゃないかなと思います。確かに、日本で普通にIT業界のエンジニア職として仕事をしてきた人の中に、今まではエバンジェリストやアドボケイトなどというキャリアパスは想定外だったでしょう。そのくらい、ちょっと特殊なロールなわけです。

　そうなると、今テクニカルエバンジェリストやデベロッパーアドボケイトとして活躍している人はどこで経験を積んだのでしょう？日本国内で新卒就職して、エバンジェリストやアドボケイトの部門へ配属される人はなかなかいないでしょうね。

　私の感覚としては、我々のロールのスキルセットとして必要な部分は、次の4つで構成されていると感じています。

1. 営業スキル
2. コンサルタントスキル
3. 開発者スキル
4. マーケッタースキル

　開発者の方々との関係を築き、自社サービス、製品を上手に説明し開発者の気持ちを掴んで次につなげていく、これは営業が営業相手にやっていることに非常に近いです。

　開発者の方の困ったことを一緒に考え、一番良い道へ導いて解決につなげていく、これはコンサルタントのスキルそのものだったりします。

　相対するのは開発者です。コーディングの細かい部分から、APIの使い方、実行環境に関するインフラの知識など、開発者と対等に渡り合える技術力も求められます。

　そして、市場を正しく把握し、デジタルを含め色々なメディアを駆使し、Awarenessを高めていく、そういったマーケの力も必要です。

　つまり、これらの内どれかの経験があればエバンジェリストやアドボケイトとして立ち回れる要素は持っていると思うのです。そういった意味では、必ずしも経験者でなくとも、ポテンシャル採用でDevRelをやらせてみるというのもありだと思います。

A. 外部からヘッドハンティングする道も、社内で採用する方法もあります（中津川 篤司）

　もし、あなたの会社がまだDevRelを行っていないとしたら、雇用するのは相当大変でしょう。なにせ、雇用される人はDevRelを一から考え、実施する責務があるからです。エバンジェリストを雇用すればすべてが問題なく解決するわけではありません。彼らは銀の弾ではないのです。本来、彼らにはマネージャがおり、そこで方針を決めて実施するでしょう。その指針を決められる人がいるのかどうかも怪しく感じてしまいます。エバンジェリストはあなたのDevRelを加速させるのは間違

いありませんが、いなければDevRelが一切できない訳ではないというのを知って欲しいです。つまり雇用したいと思う人に対して自分たちが現在どんなDevRelを行っていて、それを加速したい、または不足部分を補って欲しいと依頼するのです。

　外部から雇用する場合、自社が持つ技術に長けた人を採用するのが良いのでしょう。またはすでに別な企業でエバンジェリストとしての経験が豊富な方がターゲットになります。この職業自体があまり知られていない以上、殆ど一本釣りになるはずです。幸い、DevRelに携わる方たちはひとつの企業にしがみつくタイプは少なく、転職も心理的障壁が低いようです。条件次第ではありますが、ヘッドハンティングされること自体は悪い気はしないでしょう。

　もうひとつは社内で育てる方法もあります。この場合は技術領域については申し分ないでしょう。開発を通じて知見は十分にあるはずです。問題はブログやスライド、プレゼンテーション技術になります。しかし製品に対する愛情があれば、それらは補えるはずです。個人的には生え抜きのエバンジェリストの方が、エンジニアとしてのキャリアとして提示できて良いのではないかと思います。エンジニアが昇進するとリーダー、マネージャといった具合にゼネラリストになる傾向がありますが、エバンジェリストというキャリアも魅力的ではないでしょうか。

A. まずは役割を明確にすること（山崎 亘）

　どんな人でもいいというわけではないですよね？ふさわしくない人をいくら集めても採用にかかる時間を浪費するだけです。採用する側だけでなく、採用される側もです。変な採用活動をすれば会社の評判が悪くなり、DevRel的にも好ましくない結果です。若干のアンダースペックは入社後の教育でカバーできますがアンダー過ぎると周りも大変だし、オーバースペックだと入社後に本人のモチベーションが上がりません。これらのミスマッチを防ぐには、自社で必要とされる役割を明確にしましょう。まずはそのポジションのタスクに必要な複数の項目を定義して、優先度を付けます。

　次にその中でトップ項目のいくつかを使って、「XXXする人」を声がけして探すのです。DevRel Meetupコミュニティー経由で人づてに探すのも良いですし、会社の他のポジションと同様なルートの採用でも構いません（というか、そちらもやっておきましょう）。

　必要な項目（スペック）は会社によって異なるとは思いますが、「コミュニケーション能力」は割と重要だと思います。エンジニアだともしかすると尖った人材が必要でスキルの方がコミュニケーション能力より重要視されるかも知れませんが、Developer（との）Relations担当なら、後者の能力は欠かせません。社外の開発者と社内の人間とのブリッジになるというのも重要な役割です。この能力は、もちろん直接会って話せば分かるとは思うのですが会うまでのスクリーニングが大変だし、インタビュー向けな話し方や雰囲気に作ってくることも考えられます。となると、やはり周りの評判ですね。

　盲点なのは、もしかすると意外に身近に必要な人材はいるかも知れないということです。たとえば、プリセールスのエンジニアは、製品技術にも詳しいし、顧客対応でコミュニケーション能力も身につけているでしょう。後はマーケティング的な要素をインプットしてあげれば適切な人材になる可能性は大いにあります（本人に移動する意思があるかどうかが一番重要で難しい問題かも知れません）。これは一例ですが、ダメもとで社内に適切な人が居ないかどうか当たってみるのも悪くあ

りませんね。

Q21. エバンジェリスト・アドボケイトは必ず雇用すべきでしょうか

A.「必ず」ではないです。目的は何でしょう？（山崎 亘）

いつもこれに戻りますが「目的」は何でしょう？

エバンジェリストなら自社の製品の啓蒙活動だし、アドボケイトならユーザーにもう少し寄り添う形でしょうか。いずれにせよ、それらの内容をユーザーに提供すればいいわけです。もちろん、エバやアドボケイトの雇用をマネジメントが認めてくれて、さらに適切な人が見つかり採用できるのであれば、それに越したことはありません。ですが、そうであれば、そもそもこの質問にはならないですよね。そんな理想的な状況にない場合でも、最終的にユーザーに同様なサービスを提供すればいいわけですから、複数の人数が、それぞれ役割を分担して同様に提供すればいいのです。

たとえば、製品説明のプレゼンテーションは製品マーケティングの担当が行い（そういう人もいなければセールス担当が行う）、ハンズオン講師はプリセールスのエンジニアが担当する、テクニカル コンテンツはサポート エンジニアが予防サポート的な観点で作成するとかです。場合によっては（？）、可能ならば（？）、ユーザー コミュニティーなどの外部の人に役割を一部分担してもらうことも考えられますね。ユーザーによる口コミが尊重されるので、製品ベンダーの社員がプレゼンテーションで製品の良さを語るよりも、ユーザー コミュニティーの人が語る方が説得力ありますし。製品の疑問点などはフォーラム的なところに投稿してもらう仕組みを作っておけば、ユーザー同士で解決していただける可能性もあります。

できることを、できる人が、できる範囲でやって積み重ねましょう。諦めずに継続していけば、いつか状態はよくなるはずです。少しずつでも。

【結論】ドンピシャなポジションの人が居なくても、チームで同様な役割を提供しましょう。

A. ロール、肩書きの問題だと思います。（萩野 たいじ）

質問内容からして経営層または人事部門の方からと推察します。

これは以前私がコミュニティーの登壇で、チーム体制について話した際にも触れたのですが、テクニカルエバンジェリストやデベロッパーアドボケイトって何をする人達なのか整理してみましょう。

- 自社製品、サービスを広く知ってもらう
- 自社製品、サービスを使ってくれる人を増やす
- 自社製品、サービスのユーザーの技術的サポートを行う
- 自社ブランド、自社製品、サービスのファンを増やす

こんなところでしょうか。

つまり、少しでも多くの人に対し自分のところの製品を使ってもらうこと（売りにつながること）が最終的な目的な訳です。これを営業的なアプローチで推進するのか、マーケティング的なアプローチで推進するのか、開発者視点のアプローチで推進するのか、の違いなのではないでしょうか。営利企業ですから、自社の商売がうまく行かなくてはならないわけです。そこへ、開発者の心を掴み、自然と使いたくなる、買いたくなる、そんな風に開発者たちの信頼を構築するのがテクニカルエバ

ンジェリストやデベロッパーアドボケイトの役目だと思います。

　さて、自分がひとりで起業したと想定しましょう。その時あなたは何をやりますか？おそらく上に列挙した内容と近いことをやるんじゃないでしょうかね。つまり普通に考えると、ひとりで会社を経営していれば、社長自らがエバンジェリストやアドボケイトの役割を（も）担っている、といえると思います。

　さて、質問にもどり「エバンジェリストやアドボケイトを必ず雇用すべきか？」ということですが、DevRelを含めたエバンジェリストやアドボケイトの役割を担う人は居た方が良いかもしれません。かもしれない、というのは、当該サービス・製品がどのフェーズにいるかによって、これらのアクティビティの必要性が変わってくるからです。立ち上げ期なのか、加速している真っ最中なのか、安定期なのか、衰退期なのか、それによりこれらのロールの必要度合いが変わるからです。

　いずれにしても、会社によっては社長がやっている所もありますし、ソリューションアーキテクトという役割の人が担っている所もあります。また、セールスエンジニアが同ロールをやっている所だってあります。つまり、従来経営していれば無意識にやってきていることを体系立てて、エバンジェリスト、アドボケイトという肩書きを被せたというのが実態だと私は思います。ですので、雇用すべきかどうか、というよりは自社にとって必要なロールが配置されているか、と考えた方が良いのではないでしょうか。

A. 明示的なポジションはなくても活動自体は取り入れるよう働きかけましょう（Journeyman）

　明確な役割として認められず離職した方、実績を出し続けて会社にそれまでなかったエバンジェリストというロールを誕生させた方、悲喜交々のケースを多数見てきました。その中で感じたことをお伝えします。

　実績を認められ、結果的にエバンジェリストが生まれる、これがひとつの勝ちパターンです。本業で実績を出しながら、日々の技術的な鍛錬を怠らず、コミュニティーにコミットし、社内外の認知を獲得する、非常にシンプルです。

　トップも含めた社内、社外のギーク、いずれからも認められる存在、感覚的には日本で10本指に入るような実績を残す、そんなイメージです。結果としてその技術をエバンジェライズするポジションになっています。

　ただ、これは社内の中でも稀有な存在が不可欠で誰でもなれるモノではありません。では、そんなスーパーマンがいないとDevRelをしてはいけないのでしょうか？答えは否です。なぜなら、DevRelの活動はエバンジェリストの有無では語れないからです。

　改めてDevRelとは、を思い起こしてください。ひらたくいえば、開発者・ユーザーを対象にしたマーケティング施策です。ユーザー会と違いアウトリーチを前提に広く自社のサービスやパッケージに興味のある方を対象にします。

　確かにエバンジェリストは、その一翼を担うには格好のメンバーです。ただし、型にハマる必要は全くありません。エバンジェリスト・アドボケイトがいなくても、開発者・ユーザーとの関係性を作る活動は可能です。

　DevRel活動を続ける中で、エバンジェリスト・アドボケイトが結果必要になることはあると思い

ます。まずはDevRelのゴールを決め始めることからチャレンジを。

Q22. エバンジェリスト・アドボケイトも開発をやるべきですか？

A. 時間を見つけて手を動かすことをおすすめします。（長内 毅志）

　DevRel担当者は、社内外の技術者と接点を持つ仕事となります。このため、自分自身も手を動かし、ある程度開発を行った方が、コミュニケーションがスムーズでしょう。理想論をいえば、開発を行った方がメリットは多いでしょう。

　DevRel担当者は技術者と会話を行い、情報交換を行う仕事です。多かれ少なかれ、会話には技術的な情報が含まれます。ある程度間口の広い技術情報を身につけていた方が、会話が円滑に進むことは間違いありません。そういった視点から考えると、DevRel担当者は時間を見つけて、開発を行った方がベターでしょう。

　ここでいう開発は、本格的なサービス開発やソフトウェアのリリースとは限りません。ちょっとしたワンライナーだったり、パッチファイルの作成だったり、自社・他社の技術を利用したリファレンス実装といった、小規模なレベルで構いません。DevRel担当者の職掌は、「内外の開発者とコミュニケーションをとる」ことであり、「同レベルの開発力・技術スキルを持つこと」ではありません。同レベルのスキルを身につけるのではなく、相手の話す内容を理解したり、問題を共有したりするための開発能力、といったレベルで大丈夫ではないでしょうか。

　一方で、DevRel担当者によっては、自分が扱うサービス・製品は完成されており、開発の必要がないケースもあると思います。その場合は、「コードを書く」「開発を行う」よりも「自分が扱う製品・サービスのユースケースをよく理解し、その周辺の知識をみにつける」方が良い場合もあるでしょう。たとえば、ハードウェア製品の場合、ハードウェアに組み込まれるミドルウェアやOSについての知識をみにつけるよりも、ハードウェアの利用状況やユースケースを理解して、ユーザーやビジネスパートナーと適切な会話を行い、フィードバックを正しく自社開発チームに伝える方がより重要です。そんな場合は、自社技術の開発力よりも、ユーザー・ユースケースに寄り添った問題解決力の方がより大事になるでしょう。

　自分が置かれた立場を分析して、「どのような知識を身につけると、周囲とのコミュニケーションがよりスムーズになるか」を考えることが、DevRel活動にとってプラスになることでしょう。

A. プロダクションの開発経験は必要ですが現在の実開発を行う必要はありません（Journeyman）

　プロダクションの開発経験は必要だと感じますが、ロールのミッションが異なるため開発そのものは必要ないと考えます。

　DevRelはマーケティング施策であり、その実行を担うエバンジェリストやデベロッパーアドボケイトのミッションのひとつは広範囲の外部の開発者と良好な関係性を構築するコトです。

　仮にサービスやプロダクトの開発にどっぷり浸かってしまうと、当然時間はいくらあっても足りません。そして、外部の開発者自体が自社のプロダクトのプロダクションコードは書きません。開発というより利用に関わる周辺のコードを書き、外部の開発者と同じ目線で利用するコトに時間を使うべきです。エバンジェリストは時に「最初の利用者」と言われます。もっとも外部の開発者と

近い目線で、プロダクトをいじり倒す、そこに注力すべきではないでしょうか？

一方でそのプロダクトやサービスがどのような開発環境で、どんな概念で、どんなアーキテクチャで作られているのかを説明するコトは外部の開発者にはできません。素養として常にそうした情報をキャッチアップするコトは有益です。その際に、社内のプロダクション開発者と同程度の知識レベルを保つコトもまた武器になると思います。アジャイルに常に変化し続けるIT開発現場では、継続的な学びが重要です。

外部の開発者と良好な関係を気付くために必要なミッションに集中しましょう。

A. やるべきです、といいたいのですが……（萩野 たいじ）

これは、是非ともやるべきです！と言いたいのですが、この質問では意味を完全に捉えきれなかったので、ある程度前提を敷いて答えたいと思います。

先ず、ここで言う「開発」とは何でしょうか？開発プロジェクトにメンバーとして参加することでしょうか？これがYesの場合、「やらないべきです」と回答します。テクニカルエバンジェリストやデベロッパーアドボケイトは研究開発職などと同じく、技術系のコストセンターです。つまり、プロジェクトの現場から見ると、（言い方悪くてごめんなさい）お金を払わず可動させられる便利な人たちな訳です。しかも技術力は高い！喉から手が出るほどほしいと思われているかもしれません。しかし、我々の本業はプロジェクトメンバーとして開発プロジェクトにコミットすることではありません。自分の仕事の本質ではない所へ限られたリソースを使うことは、やるべきではないです。

では、Noの場合、開発にはどういう意味が込められているのでしょうか？単純にアプリを作ることを指しているのでしょうか？そうであれば、これは是非やるべきです。というよりやらなくてはなりません。我々の仕事は常に最新技術をキャッチアップする必要があります。テクニカルエバンジェリストやデベロッパーアドボケイトはマーケ職ではありません。開発者である以上、常にアプリを作る事を怠らず、自分のIT技術へ磨きをかける必要があります。

ということで、DevRelを行うロールの方は、実案件にアサインされないよう気をつけながら（笑）、日々自己研鑽をしてください。

Q23. オンライン活動とオフライン活動、どれぐらいの比重で行っていますか？

A. 人によって比重の置き方はだいぶ変わるでしょう（萩野 たいじ）

これは、そのエバンジェリストやアドボケイトの活動スタイルにも依存しますから、正解はないといえるでしょう。それを踏まえた上で回答するのでしたら、私のケースではオンライン4に対しオフライン6、くらいの比重で活動をしています。

ちなみに、ここでのオンラインはソーシャルやブログ、オンラインコンテンツ（解説動画配信や技術記事など）に準備含めて費やしている時間、オフラインはハンズオンワークショップ、セミナー、カンファレンス、コミュニティーでのイベントなどに準備含めて費やしている時間としています。

たとえば、オンラインコンテンツは配信時間が短いものでも、収録に時間がかかっているもの、スタティックな記事などのように公開したらそこに時間は取られないものの記事作成やそのための動作検証に時間がかかっているもの、などさまざまです。

オフラインコンテンツなどは、準備にも勿論時間が取られますが、それを実行している時間、そのプランニングの時間など、これまた多大な時間を取られることもあります。

勿論、比重と一言で言っても、時間だけでなく重要さのプライオリティなど目に見えない比重の置き方もあるでしょうから一概にこうといえるものではありません。

この質問の回答によって何に反映させたいかが分からないので想像での回答ではありますが、もし他のエバンジェリストの比重の置き方を参考にしてご自身の活動に活かしたい、ということでしたら、先ずはご自身が目指すエバンジェリスト像に近い方の動きを参考にされると良いかもしれませんね。

A.「比重を変えて」というよりは、連携で活動しています（山崎 亘）

本当は「1:2で」とか「50:50で」とか具体的な数字を持ってガイドできれば良いのですが、実際にはそうではありません（少なくとも私の場合は）。コミュニティー活動は基本、「オフライン ファースト」と言われます。もちろん、DevRel活動はコミュニティー活動だけではないのですが、オフラインでの会合（イベント、ミートアップなど）で得られる、より印象の強い体験は貴重です。この強い体験がモチベーションとなって、ベンダーからだけでなく開発者からも情報が発信されるようになりますから。ですので、このオフラインの活動の効果を最大化すべく、オンライン活動を可能な限り常にやります。

具体的な活動のポリシーとしては、

1．オフラインのイベントにより多くの人が参加するように、あるいはイベントの存在をより多くの人が認識するようにオンラインで告知する。
2．オフラインのイベントに参加できなかった人に、雰囲気でも伝わり、次回は参加したいと思ってもらえるようにオンラインでレポートを出す。あるいは、

0として、イベント告知より前に、その製品・サービスが価値あるものである、それらについてもう少し知りたいという雰囲気をオンラインで醸成しておく。

というのも効果的です。この3つを効果的に回して、いざオフラインのイベントを開催し、オンラインでの活動による体験をより確固たるものにする。そして、このオフラインでのイベントの体験から、参加者によるオンラインの活動につなげるというサイクルを回していく感じです。

したがって、比率を意識するよりも、「オフラインのためのオンライン」「オンラインのためのオフライン」が効果的にできるかどうかを意識して各活動を行うというのを意識した方が良いでしょう。たとえば、「イベントについてシェアすると、イベント会場で特典がある」「オンラインの告知を見て来場すると特典がある」とか、O2O（Online to Offline）のアイディアの例はたくさんあって参考にできますし、イベント参加者に特定のハッシュタグを付けた投稿を促すのは逆にオフラインからオンラインへの効果的な手法ですね。「オンラインとオフラインのサイクルを効果的に回す」というのが私の考える結論です。

Q24. 人前でうまく話せません

A. 話したい内容を完全に理解・納得するまで整理しましょう（長内 毅志）

　最初に、経験談をもとに話します。とあるセミナーで、講師を行う予定だった役員の都合がつかなくなり、自分が代理のプレゼンターとして登壇したことがあります。日頃から見慣れているスライドであり、内容だったため、問題なくプレゼンテーションができるだろう…と思い、壇上に立ったのですが、スライドが進んでいくうちに、どんどん喋れなくなってしまい、言葉に詰まったことがあります。

　何度も見たスライド、よく知っている内容にもかかわらず、なぜ自分はスムーズに話すことができなかったのか？
　いろいろと自問自答した結果
　「プレゼンテーションの内容を本当に理解し、腹に落とさないと、自分の言葉として語ることができない」
　という結論でした。

　人前で話すときは、話す内容を自分がどれだけ理解し、納得し、腹に落ちているか、がとても大事になります。内容を理解・納得するためには、自分が作ったプレゼンテーションをきちんと読み返し、各ページに伝えたい内容を把握する必要があります。そのためには、何度もプレゼンテーションファイルを読み返して

　・このページで伝えたいことはなにか
　・この図はどのような情報を示そうとしているのか

を、頭の中で整理し切ってしまう必要があります。

　内容の整理ができたら、各スライドで伝えたい内容を文章に直して、何度も練習してみましょう。「読書百遍意自ずから通ず」という格言があります。プレゼンテーションもその格言通り、何度も読み返し、何度も練習することで、自然に伝えたい内容を自分自身が理解・納得できるようになるでしょう。そのような状態になったら、きっとスムーズなプレゼンテーションができることでしょう。

A. 話す内容を書き出して、繰り返し練習しましょう（中津川 篤司）

　うまく話せない、その自覚があれば改善できます。厄介なのは、自分はうまく話せていると思い込んでいて、周りから見ると全く理解できない人です。話すスピードが速い、聴衆の知識レベルを考えない、話があちこちに散発するなどです。それに比べて、話せていないと理解しているなら、その改善は可能です。そして、大事なのは最初から話がうまい人は殆どいません。ごくまれに天才的な人もいますが、そんな人を目指しても意味がありません。相手にちゃんと伝わる話し方を学びましょう。

　登壇する機会があるならば、まずその話す内容をすべてテキストに書き出してみましょう。その場で考えながらスラスラ話すのは慣れないと難しいでしょう。テキストに書き出してしまえば、本番当日まで何度も繰り返し読んで練習できます。うまく話せない要因のひとつに、次のスライドへの繋ぎがうまくできないことが挙げられます。練習しておくことで、慌てることなく、ひとつひとつのスライドで言うべきことをきちんと話せるようになります。テキストに書き出した内容をスラ

イドのノートに転記しておけば、本番の際にカンペとして見られるので便利です。

　もうひとつ大事なのは話しすぎないことです。ひとつのプレゼンテーションで伝えたいことを最大三つまでに絞りましょう。たくさんのことを伝えたいのは分かりますが、詰め込みすぎても聴衆の心には何も残りません。そんな勿体ないことになるならば、伝えたいことを絞って、それを繰り返し（言い方を変えつつ）伝えるようにしましょう。話す内容を絞り込めば、それだけスライドも絞り込まれたものになり、話す時も落ち着けます。20分程度のプレゼンテーションで100枚を超えるスライドを作る人がいます。展開が速くて話している本人は楽しいのでしょうが、聞いている方は理解するには時間が足りないかも知れません。

A.私もそうです。毎回、落ち込みます（山崎 亘）

　いやー、分かります、分かります！　私も本当にそうなんです。いや、本当に毎回、登壇が終わった後に軽く落ち込みます。人前で話すが嫌ではないんです。ですが、上手くないんです。

　ずっと前、マーケティングとしてのキャリアの初期、地方で製品のプレゼンテーションをする機会がありました。私の前はまさに「話し上手」で、なおかつ「声もいい」先輩。自分でも分かってるので自信たっぷりにプレゼンするので説得力も出てくる。私はというと、大勢の聴衆（そのときは300名くらいでした）の前で話すのなんて慣れてないし、元々噛み気味で話すのが、緊張で輪をかけてカミカミになってしまいました。普通の言葉が普通に話せなくて（今でも少しそうですけど）。で、アンケートに「噛みまくって聞きづらかった」と書かれてしまいました。なので、苦手です。つらいです。

　が、そうも言ってられません。苦手だからと言って躊躇していたのでは、必要なときに必要なことが話せなくなります。大事なのは、「自分が話さなければならない」という気持ちの方を「上手く話さなきゃ」という気持ちより強くすることなのではないでしょうか。

　とはいえ、練習も大切です。私の場合は、緊張し過ぎて早口になり過ぎていたので、それを少し押さえるようにしました。アナウンサーでない限り早口言葉が苦手なのは当たり前。緊張するから早口なのですが、逆にわざとゆっくりと話すことで緊張から少し解放されるという効果もありました。何もかもゆっくり話す必要はありません。「緊張してるな」と思ったら少しゆっくりに話すようにすれば良いのです。自分自身がコントロールできてるなと実感できたら、少し早く話すことでリズムをコントロールして説得力を増すこともできます。このあたりは別のDevRel本『プレゼンテーションを支える技術』に書きましたので、詳しくはこちらをご覧ください。「技術書典6」で出した本ですが、今でもAmazonに行けばKindleで読めます。

Q25.企業によってエバ・アドとコミュニティーマネージャーが兼任されているパターンとそれぞれいるパターンと見受けられますが、どちらがよいのでしょうか？

A.エバ・アドとコミュニティーマネージャーを別にして、役割を明確に（Journeyman）

　それぞれの役割の違いをどう定義するかで変わって来ると考えます。そもそも、人数的に兼務が難しい場合もあると思いますが、ベースは役割ではないかと思います。

エバンジェリストで成功しているケースとして、自分がもっとも印象に残っているのは、エバンジェリストはそのサービスのファン1号であるという考え方です。社員なので、サービスのアップデートについての意見は出しますが、実際にどんなスケジュールラインでローンチされるかの戦略には関わらないような立ち位置です。

その結果、サービスのコアファンと同じ目線で、サービスのアップデートを喜び、それを同じ感覚で伝え、同士になっていくというストーリーです。厳密にはそこまで明確ではないでしょうか？　社内に在籍しているファンと同じ目線を持つ方と捉えていただけると分かりやすいと思います。

DevRelが関係性の構築につとめる対象はエンジニア、ご本人も技術者でテクニカルエバンジェリストやデベロッパーアドボケイトはフィットします。

一方、コミュニティーマネージャですが、こちらはエンジニアでない方でも機能しているケースが多いと思います。自分がいくつか運営に携わっているコミュニティーでもいわゆるマーケティングロールの方が少なくありません。いわゆるユーザーグループのスタイルで運営している場合は、全国のユーザーグループの窓口となりサポートを気持ちよくできる方が向いていると感じます。

生粋のマーケター、元セールスの方、非エンジニアでも、人に好かれ、ユーザーグループの窓口として、会社と交渉ができる（たとえば会場提供や飲食のサポート）、つまり相談できる存在であれば機能しやすいと感じます。

これは多くのコミュニティーを見て、自分で複数運営して感じるポイントです。全国で活動する場合は、フットワークの軽さを求められハードなポジションです。数年おきに担当者が代替わりするようなスキームも大事です。とはいえ、各社事情は異なります。役割をベースに自社にあったスタイルを作って行けると良いのではないでしょうか？

A.役割が別なら担当が分かれている方が良いケースもあります（萩野 たいじ）

テクニカルエバンジェリストやデベロッパーアドボケイトと、コミュニティーマネージャーの役割は実はほとんど同じことが多いです。もちろん、会社によって役割の定義が異なるので、その場合はロールとして分けることも大事だと思います。

テクニカルエバンジェリストは、会社によってデベロッパーアドボケイトと呼ばれたり、ソリューションアーキテクトと呼ばれたり、テクニカルセールスの人が同じ役割を担っていたり、と、要するにどれも似たようなアクティビティを行っているのに会社によって呼称が異なる、といった程度の違いでしかないわけです。

私の感覚では、コミュニティーマネージャーというのも、これらの延長というか同義で、やることは同じだと思っています。

それぞれの役割はざっくり次の通りです。

・自社製品やサービスのエキスパートとして開発者の技術サポートをする
・開発者とのコミュニケーションを構築する
・開発者コミュニティーを活性化させる
・開発者の声を拾い自社へフィードバックする

これらを実現するためのアプローチとして、イベント（カンファレンスやセミナー）などでの登

壇、ハンズオンワークショップやハッカソンでの技術サポート、ブログやソーシャルでの情報発信、書籍やTV・ラジオなどでの露出、などが挙げられます。

　そういう意味では、よりテクニカルな部分と、マーケ寄りの部分とで役割を分ける、といった形を取ることもありだと思います。他の質問でも回答していますが、呼称はさしたる問題ではありません。自分が（その人が）何の目的でどういった事を行っているかで、エバンジェリスト/アドボケイトかどうかが決まるのだと考えます。

Q26.唯一のエバンジェリストの退職が決まりました。何をしておくべきでしょうか。

A.無理に誰かに押し付けるコトは悪手です。後継者の登場を待つか社外の専門家に外注しましょう（Journeyman）

　先んじてできるコトはあまりはない、というのが結論だと思います。

　というのも適性を持つ人が社内にいる場合は、むしろその方が勝手かつ自発的に引き継ぎ自走してしまうからです。ただ、質問者の方が述べている"唯一"の背景を考えるといないのが一般的です。ここで提案したいコトは2点です。ひとつは社内にいないからといってできそうな誰かをトップダウンで指名してやらせてはいけないというコトと、一般的ではないですが社外の専門家にお願いするコトです。

　本人が希望しない状態で自社の顔を担わせるのは、大抵の場合悪手です。活躍しているエバンジェリストに何人もお会いして思うのは極めて高い内発的動機から結果的にエバンジェリストになっていたという熱量を持った方がほとんどだからです。それらを踏まえると、それでもやると一念発起する社内の卵か、社外から新たに人材を獲得するか、とにかく不在の期間を許容する覚悟で適性にあった方を探す方が長期的にはよいと考えます。

　もうひとつが、社外のDevRel業務を請け負う専門家に依頼する方法です。ニューカマーの登場を待っても現れる保証はありません。上手にその道のエキスパートの力を借りるコトで不在の危機をソフトランディングできるかもしれません。そんな方法もあるというコトを覚えておくとよいでしょう。

　誰でもなれるモノではない、長期的な視座に立って不在の危機に対処しましょう。

A.行動を共にし、地盤を引き継ぎましょう（中津川 篤司）

　エバンジェリストやアドボケイトは人に結びつきやすい職業です。同じ立場の人がいても、そのやり方や活かし方が全く異なります。また、社外に出て登壇やコミュニティーへの参加など表立つ行動が多いため、ヘッドハンティングに引っかかりやすい職業でもあります。そのため、彼らが転職する可能性は常に頭の片隅に入れておく必要があります。自社サービスが最高のものでない限りは常に考えておくべきでしょう。

　辞めてしまった後で言うことではないのですが、あらかじめ多重化しておく必要があったでしょう。転職が決まってから慌てて代わりの人を探しても数ヶ月〜半年が教育期間としてロスしてしまいます。そうならないよう、ひとりのエバンジェリストに頼り切りにならず、第二、第三の人材を

育てておく必要があるでしょう。

　転職が決まってからすべきこととしては、代わりの人材に行動を共にしてもらうのが一番でしょう。登壇の仕方や話す文脈、参加しているコミュニティー、付き合いのある人たちなどの行動を通して学ぶのです。オンラインでの活動（ブログやQ&A、ソーシャルなど）は後からでも参照できます。しかしオフラインの活動は実際に見ないと分からないものばかりです。転職を公にしているのであれば、次のエバンジェリストであると自己紹介し、地盤を引き継ぐのがベストです。

A. これを機に棚卸しをしましょう（山崎 亘）

　唯一のエバンジェリストの内容を完全に引き継ぐことは現実的でないし、そもそも代わりのエバンジェリストがすぐに採用できる可能性の方が低いだろうし、仮に誰か採用できた、あるいは社内から誰か適切な人材を登用できたとしても、前任のエバンジェリストとまったく同じ役割を担うことは難しいでしょう。

　そもそもできないことを目指してストレスを感じる必要もありません。唯一のエバンジェリストが辞めてしまうので悲観に暮れる必要はありません（え？　そんなことない？　それは良かったです！）。

　せっかくなので、これを機に「エバンジェリスト」の役割を棚卸ししませんか？　前任者の活動を「そのまま」引き継ぐためにいろいろ苦労するよりも、その方が建設的です。たとえば、こんな感じです。

1. 今（今期）、製品の方針はこれで、こういう方向に向かっているので、DevRel活動の目的はXXXである。
2. その目的を達成するためエバンジェリストに求められる役割は、AとBとCである。
3. 今までの活動でカバーしているのは、AとCだった。Aはそのままやるとして、CはBと組み合わせたやり方ができる。
4. それだったら、プリセールスのエンジニアの協力を得ればカバーできそうだ。まずはマネジメントに相談してみよう。

とかです。前任のエバンジェリストの活動という事象をそのまま引き継ぐよりも目的を達成する手段として見れば、別のやり方でも大丈夫なこともあるでしょう。もちろん、コミュニティー メンバーが増えつつあるミートアップなどは、ひとまずそのまま継続して様子を見るなどと臨機応変さも必要です。

　というように、独りでやっていたエバンジェリストという役割は、そのままた独りに引き継いでしまうと、同じようなことが数年後にやって来て同じように悩んでしまうことになるので、役割を負荷分散する名目でリスクヘッジしておくことが良いでしょう。

　前任のエバンジェリストが辞めてしまうまで時間がない場合、可能であれば彼（女）に今後も緩く関わってもらうようにすると安心ですね。前職で同様に唯一のエバンジェリストが競合と言われる会社に転職するというのを実際に体験しました。彼は新しい会社でもそのテクノロジーを引き続き担当していたので、こちらのイベントでスピーカーになってもらったり、ユーザー コミュニティーでもそのまま活躍していたりだったので助かりました。

Q27.格好良いスライドが作れません

A.「デザインの良いスライドを参考にする」「情報整理を行う」のふたつの視点から考えるのはどうでしょう（長内 毅志）

　最初に申し上げますと、自分もデザイン方面はまるでセンスがなく、プレゼンテーション資料の作成には何度も苦しんでいる身です。このため「かっこよいデザインとは何か」を語るようなスキルセットはありません。代わりに、自分がスライドを作るときに意識している「デザインセンスが良い人のスライドを参考にする」「情報整理を行う」の2点について記述します。

　まず、「デザインセンスの良い人のスライドを参考にする」について。インターネット上には、プレゼンテーション資料の作り方について、実際のサンプルを交えながら解説を行っている資料が公開されています。「プレゼン」「デザイン」や、「プレゼン資料」「デザイン」「プレゼンテーション」「レイアウト」など、いくつかのキーワードで検索を行うと、ビジュアル的に理解しやすい・読みやすい資料の作成方法について、デザインのプロのみなさんが、さまざまな方法論を紹介してくれています。プレゼン資料のデザインがなかなか決まらない、という方は、このようなデザイン方法のハウトゥについて、いくつも目を通すことをお勧めします。

　その一方で、デザインに取り掛かる前に誰でもできる工夫として、「プレゼン資料の情報整理を行う」という方法があります。プレゼンテーションの本来目的は「伝えたい情報を参加者に伝える、理解してもらう」ことです。きれいな・かっこよいデザインは、「情報を伝える手段のひとつ」ですが、それ以前に「そのスライドで伝えたい情報は何か」が整理できていることが大事です。

　プレゼン資料の作成時に
- そのプレゼンで伝えたい情報は何か
- その情報を伝えるために、どのような構成にするか
- その構成のために、情報はわかりやすく整理・分類されているか

などを整理するだけで、驚くほど資料の完成度が上がることがあります。たとえば、1ページのスライドにたくさんの情報を詰め込まず、伝えたい情報だけを残して無駄な部分を削ぎ落とす。小さな文字で長文を書くのではなく、大きく見やすい文字を短文で書き、ひと目でメッセージが伝わるようにする。など、デザインに工夫をこらす前に、情報の整理と取捨選択を行うだけで、ずいぶん完成度が上がります。

　誰に対して何を伝えたいか、それを決めることができるのは、登壇者であるあなただけです。あなたの考えを整理し、無駄な部分を削ぎ落とすことで、スライドのメッセージは強く、伝わるようになるかもしれません。その上で、あなたのメッセージをより伝わるようにするために、最後にデザインを工夫してみるのはどうでしょうか。

A.「格好良い」の定義を明確にしましょう（山崎 亘）

　そもそも、この場合の「格好良い」とは何でしょう？ 見栄えの良い派手なグラフィックや写真、凝ったアニメーションがあるスライドですか？ 確かにそれらが多用されているスライドは格好良いですね。私もたまにアクセントしてそういう要素を入れたりもします。でも、あれはスライド作成に煮詰まったときとか、気分転換がしたいときに、気晴らしにやってみてるだけです。そういうの

が満載なスライドは格好良いかも知れませんが、プレゼンターが本当に伝えたいことは伝わるのでしょうか？

　スライドが使われるプレゼンテーションの目的は何でしょう？内容を伝えて聴衆にアクションを起こしてもらうのが目的ですよね。スライドはあくまでも目的のための手段です。人が一度に受け取れる情報量には限りがあります。人が一度に記憶できる情報量には限りがあります。人が次の日まで記憶できる情報量には（以下略）。その貴重なメモリー領域を派手なグラフィックや無駄なアニメーションに割くのはもったいないです。内容を的確に伝えるためにすべての要素は構成されるべきです。シンプルがいいのです。よくあげられるキーワードに、「KISS」があります。「"**K**"eep "**I**"t "**S**"imple and "**S**"hort」です。なるべく簡潔にまとめるように務めることが大事です。簡潔にするために必要であったらグラフィックや写真という要素も効果的です。一番よくないのは、話すことをスライド画面に全部書いておくことです。なるべくテキストは短め少なめがいいでしょう。ある意味、禅の世界的でもあります。「禅」で思い出しましたが、『プレゼンテーションzen』（ガー・レイノルズ著）は大変参考になり、直接講演も聴きました。TEDxの動画もYoutubeにありますので、興味があればご覧になることをお勧めします。

　レイノルズ氏の一連の著作よりも情報は少ないですが、端的にもう少し詳しく知りたい方は、別のDevRel本『プレゼンテーションを支える技術』に書きましたので、ぜひこちらもご覧ください。「技術書典6」で出した本ですが、今でもAmazonに行けばKindleで読めます。

Q28.社外エバンジェリストのメリット・デメリットについて
A.活動が飛躍的に拡張される事がメリットでしょう（萩野 たいじ）

　ここでは、外部エバンジェリストのメリットは、ベンダーにとって外部エバンジェリストを置くメリットについて回答します。

　通常、DevRelを行うチーム、つまりテクニカルエバンジェリストチームやデベロッパーアドボケイトチームは少人数であることが多いです。なぜなら、これらのチームはコストセンターであり、ある意味会社にとっては彼らの活動に投資している状態なわけです。なので限られた人数でできることには限界が出てきます。外部エバンジェリストというのは、そんな状況を助けてくれる存在になり得ると思います。ベンダーのエバンジェリストやアドボケイトの代わりに、同等（時にはそれ以上）の活動を行ってくれるのですから。

　どんな人が外部エバンジェリストになるのでしょうか？そのベンダーの内部の人間でもない人がエバンジェリストをやるということは、そのベンダーのテクノロジーが好きな人であると思われます。この状況を上手に仕組みにしているのが、Microsoft MVPやAWS Hero、IBM Championといったアワードプログラムです。これらのアワードは、その人が活動した内容を評価し受賞に値する人にアワードを送ります。受賞した人は公式の外部エバンジェリストとして活動をします。受賞者にとっては、じぶんの好きなベンダーに公式に認められているという喜びがあり、それに付帯するベネフィットも享受できます。

　デメリットとしては、ベンダーの社員ではないので、時にベンダーのコントロールが効かなくなる可能性があるというところでしょうか。特に情報統制の部分ですね。大抵は外部エバンジェリス

トはベンダーとNDAを締結しますから、外部エバンジェリストはそれを遵守するでしょう。しかし、その数が多くなってくると、それを守らない（守れない）人も出てくる可能性がありますから、そのあたりを十分に認識した上での運用が求められると思います。

A. もちろん両方ありますがチームに参加してくれるのならぜひ（山崎 亘）

まずは双方見てみましょう。

【メリット】

「社外にいる」ということで、ある程度ニュートラルでいられること、そしてユーザー（開発者）もそれを認知しているので、社外エバンジェリストの言うことを受け入れやすいということがあります。誰だって自社製品について熱く語るだろうし、聞く人もそれは責めないですが、話は半分とは言わないまでも若干間引いて聞きますよね。外部のエバンジェリストだったらそれがなくて素直に聴いてくれる確率がかなり高くなります。

また、社外エバンジェリストが複数の会社のエバンジェリストを掛け持ちしている場合、それらのサービスの橋渡しになってくれることもできます。双方の担当者を知っているし、双方の会社のDevRel的な課題も共有され認知しているわけですから、複数の会社の製品・サービスで、あるいはプロモーションをマッシュアップすることで課題を解決できるかも知れません。さらに、DevRel活動だけに留まらず、それら複数の製品・サービスの「混合ソリューション」でさえも彼（女）が産み出してくれるかも知れません。ちょっとワクワクしますよね。

【デメリット】

秘密保持契約（NDA）を締結していない場合（ないとは思いますが、ないならぜひ）、技術情報や製品ロードマップについて知るのが遅れる可能性があります。NDAの締結があっても、社内に常駐していない限り、やはり若干の情報のタイムラグは出てくる可能性があります。先手先手を打ってプラン・活動を進める方がいいので、この若干のタイムラグはもしかすると見逃せないかも知れません。

簡単に双方とも見てきましたが、社内に適切な人材が居ないならば、多少のデメリットには目をつぶり、というかそのくらい覆せるので、ぜひ社外エバンジェリストをチームのメンバーに招き入れるべきですね。味方は多いに越したことはありません。多様性も出ますし。

A. あなただけではできないことができます。しかし反転する可能性も秘めています（中津川篤司）

メリットはなんと言っても社内では足りないリソースが利用できることでしょう。ひとりでは同じ日、同じ時間で登壇するのは難しいですが、エバンジェリストが増えれば解決できます。また、同じ製品について話をする際にも、話し手が変わることで印象が大きく変わります。開発者に限らず、人は自分と近い立場の人の意見を受け入れやすいという傾向があります。それは職種、地域、年齢などさまざまです。社外エバンジェリストは話し手の多様性を高めてくれることでしょう。

デメリットは完全にコントロールするのは不可能だと言うことです。もしあなたが話す内容について逐一指摘を受けたらどんな思いをするでしょう。なぜ従業員でもないのに口出しされないとい

けないのかと反発したくなるはずです。そして高いロイヤリティを持った人ほど、反転した時のアンチ具合も拍車がかかります。そして元々発信力があった人がアンチ側に回ると、その人を慕っていた人たちまで反転してアンチに回る可能性があります。もし社外エバンジェリストだった方が、サービスを使わなくなったりすると、サービス全体が駄目なのかと思われてしまったりします（その人があえて何も発言しなくとも）。

　もし社外エバンジェリスト制度を作るならば、年度を設けましょう。一度与えたら永久に使えるものであってはいけません。去年、今年そして来年と更新を伴うものにしておけば、エバンジェリスト制度の形骸化や劣化を防ぐことができるでしょう。

Q29.貢献してくれるユーザーにインセンティブを渡すべきでしょうか？

A.金銭の授受は禁じ手。チャンピオンプログラムの創設を検討してはいかがでしょう（中津川篤司）

　インセンティブの具体的な形が分かりませんが、金銭という意味であればノーです。金銭の授受があると、せっかくの功績が単なる仕事に変わってしまいます。あなたのプロダクトが好きで、自発的に行ってくれた結果に対して金銭的価値を付けるということは、「あなたの作業料はこの金額です」とラベル付けをしてしまうのに他なりません。それが過剰な金額であれば恐縮しますし、低い金額であれば失望するでしょう。適切な金額など誰にも分かりませんから、いずれにしても愚策でしかありません。

　モノの場合はまだマシであるといえます。たとえば社内の人しか着られないTシャツやパーカーなどのノベルティ、または少し上質なスーベニアは良いものでしょう。また、機会を提供するのも良いでしょう。たとえば登壇機会を提供したり、特別な会議に参加を促すと言ったチャンピオンプログラムを提供します。金銭的な報酬が厳禁なので、彼らの期待するところを推し量った上で提供する必要があります。

　まず彼らの貢献を認識していると認めないといけません。つまり何らかの形で本人がベンダーに認識されているのだと分かってもらわなければなりません。誰もが、他人に見向きもされない活動を続けるのは困難です。ベンダーが「あなたの活動の素晴らしさ、分かっていますよ」とメッセージを伝えるのがファーストステップであるといえるでしょう。

A.インセンティブが目的にならないよう注意を払い上手に設計しましょう（Journeyman）

　貢献への最大のインセンティブはコミュニティーからの賞賛だと考えます。その意味で、非常に機能しているのはベンダーからの表彰制度ではないでしょうか？

　ヒーロー、MVP、チャンピオン、アンバサダー、呼び方はさまざまですが、グローバルのクラウドプラットフォーマーの多くはそうした制度を設けています。年間バッチのようなスタイルであったり、単なる称号であったりとさまざまですが、ベンダー側から貢献してくれるユーザーを賞賛する良い機会として機能しています。

　認定者しか配布されないTシャツ、名刺のロゴ、公式でのブログ掲載やインタビュー動画など、広くその事実を伝える仕掛けもあります。

そうした取り組みの中で満足度が高いと評判なのが、表彰や認定されたユーザー同士の集まりです。もともとコミュニティーに熱量高く取り組んできたユーザーの中でも、その貢献度合いが高い仲間との出会いや横の繋がりは代え難い財産になるでしょう。

　優待や特別扱いでなくフラットな関係性を維持・継続するコトを前提に、インセンティブが目的にならないよう注意を払い上手に設計しましょう。

A. 金銭ではなく、感謝の意が伝わるインセンティブを検討した方が良いでしょう（長内 毅志）

　ここではユーザーのコミュニティー活動を前提に、「コミュニティーを頑張っている人に対してインセンティブを渡すべきか」という論点で話します。

　コミュニティー活動に力を入れ、盛り上げてくれたユーザーに対して、なんからのインセンティブを渡してあげたい、ということはよくあります。ここで大事なことは「金銭」的なものではなく「感謝の意思を伝える、なにか」であることが大事だ、と考えています。金銭は万能かつ強力なインセンティブです。なにがしかの労力に対しての対価として使いやすく、計算しやすいというメリットがあります。一方で、金銭が目的になった活動は、純粋なビジネスの活動と見分けが付きづらく、コミュニティー活動やボランタリズムの精神と反する面があります。

　コミュニティー活動は自発的なもの、かつ、互助的な組織・活動で、参加者全員がなにがしか得るものがないと長続きしません。コミュニティー活動に対して対価を払うと、グループ内で金銭的なメリットを享受するメンバーと、それ以外のメンバーとの隔たりが大きくなり、グループの分断を招きかねません。また、参加者の自発的な活動や、互助的な活動を阻害する可能性も高くなります。

　金銭を利用した労力を得たい場合は、はっきりと「仕事」として発注するべきです。そして、「ユーザーコミュニティーの活動」と分けるべきです。もちろん、ユーザーコミュニティーの活動が円滑になるよう、勉強会の場所代を支援したり、ちょっとした軽食代を出してあげることはあるでしょう。そういった支出は、個人の労力に対する対価とは異なり、グループ全体を支援するものなので、ここでは分けて考えた方が良いでしょう。

　大事なのは、自発的な活動や互助的な活動を阻害しないようにすることです。どうしても活動に対する対価的なものを与えたい場合は、金銭ではなく「感謝状」「グッズ」「称号」など、換金性が低いものを検討するのはどうでしょうか。もちろん、そういったプレミアムを与える場合は「なぜそれを与えるのか」「どこを評価して与えることになったのか」といった、評価基準がわかりやすく、参加者が納得できる理由であった方が良いでしょう。

第4章　コミュニケーション

> DevRelはDeveloper Relations、関係性を構築するのが目的です。関係性を築く上で相互コミュニケーションは欠かせません。自分たちの言いたいことを言う「広報」の視点と、開発者の話を聞く「広聴」のふたつがあって成り立つものです。
>
> コミュニケーション手段はさまざまに存在します。開発者コミュニティーはもっとも分かりやすい施策です。他にもソーシャルメディアの運用、Q&A、サポート、チャットなどもコミュニケーション手段になるでしょう。さまざまなチャンネルを駆使し、彼らとコミュニケーションを図らないといけません。
>
> コミュニケーションは双方にとってメリットがある一方、誤った行為によって大きな失望を生み出す可能性もあります。それだけに悩みの尽きない施策でもあるといえるでしょう。

Q30.SNSはやらないといけませんか？

A.SNSをやるコトのメリットが得られない、それは機会損失と考えましょう（Journeyman）

SNSの中の人を業務として担当していました。その経験から「繋がる」と「続ける」の2点をお伝えします。

自分がマーケティングのロールになって最初に始めた施策はコンテンツマーケティングです。方法は、オウンドメディアでした。社内でも初の試みだったため、試行錯誤を繰り返しある程度「型」のようなモノができ運用が回るまでにそれなりの期間が必要でした。やっとコンテンツを定期的に届けられるようになって、活動を広く知ってもらう必要性を感じました。その施策として選んだのが、コンテキストがマッチするオーディエンスが多く利用しているSNS、Facebookページ開設でした。

SNSは広く知ってもらう、つまり広報的な機能と位置付けて運用していました。皆さんが気になるサービスに出会ったら、どんな行動をされますか？おそらくGoogle検索をされるのではないでしょうか？その時に注意深く見るとサービスのトップページの他に、Facebookをはじめいくつかの SNSの公式アカウントが出てくるコトがあると思います。そしてSNSの大きな特徴である"繋がる" コトができます。検索は一過性であり、検索結果上位をキープするのもSEO専門会社が群雄割拠するほど難しい領域です。

繋がると双方向の関係性が生まれます。情報の発信に対して、リアクションがある、そのリアクションがアカウントと紐付き見えるというコトです。双方向のコミュニケーションから得られる情報は多いです。そのメリットを享受しましょう。

もうひとつのキーワード「続ける」、コレはSNSでは双方向のコミュニケーションを"続ける"という意味合いになります。それは直接的にコメントに対して返事をするコトに留まりません。公式としての人格を持ち、対話を続けるという感覚です。

Twitterアカウントをお持ちであれば、企業の公式アカウントのツイートが話題になっている場面をご覧になったコトがあるでしょう。中の人も発信を見ている人も人間です。

対話を続けていると、サービスに対する期待値や反響、不満や改善要望などさまざまやり取り

をできる土壌が遅かれ早かれ形成されて行きます。ここに本質的な価値があります。

デジタルで知られにくく、誰ともやり取りしない、大きな機会損失ではないでしょうか？

A. 有効活用をおすすめしますが、管理できないアカウントの増大には注意が必要です（長内 毅志）

SNSはユーザーコミュニティーとのコミュニケーションツールとして非常に有効です。マスコミュニケーションと比較すると、コストメリットの高い情報発信ができることも魅力のひとつといえるでしょう。その一方で、必要以上にSNSのアカウント数を増やすと、情報発信のコスト、管理コストが嵩んでしまいます。また、SNSを利用するユーザーひとりひとりとの交流も薄まってしまい、結果的にSNSの良さを活かせないこともあるため、注意が必要です。

著名なSNSであるTwitterやFacebook、Instagramなどは、ユーザーアカウントの作成から情報発信までがすばやくでき、かつ簡単に情報発信ができます。このため、企業担当者として各種SNSのアカウントを取得している方も多いことでしょう。しかし、ブログと同じように、大事なのは継続的な情報発信と運用、そして最終的に「SNSを通して実現したい事」を明確にすることです。

とりあえずアカウントを作っては見たものの、情報発信がままならず、休眠状態に陥る企業アカウントはたくさん存在します。始めるのは簡単ですが、続けるのは難しいものです。さらに、意図せぬアクシデントや予定外のアカウント廃止などは、ブランドイメージの毀損につながってしまいます。

SNSを開始する前には、まずそのアカウントで何を伝え、何を目的とするか、整理することをおすすめします。その上で、アカウントを作成するだけでなく、定期的に運用できるよう、見通しを作った上で活用することをおすすめします。

A. そんなことはないです、メディアはいろいろありますよ（萩野 たいじ）

文化というのは面白いもので、ソーシャルメディアの活用の仕方も国によってさまざまです。私は、現在はアメリカの起業（部門）に所属し、グローバルチームとしてデベロッパーアドボケイトの仕事をしているので、たまに各地ローカルでの課題やプランなどをシェアし合うミーティングをしたりします。そうすると、（ネットで調べて知ってはいましたが）日本以外ではほぼFacebookはビジネスシーンでは使われない事が改めて分かるわけです。欧米は結構分かりやすくて、Facebookは友人や家族などとプライベートな情報をシェアする用途、LinkedInはビジネス情報の発信や共有に使われたり一部公開レジュメとして活用されています。Twitterは情報発信ツールという意味では各国でビジネスシーンに活用されていますが、英語280文字に対し、日本語や中国語では140文字という違いが利用度合いに影響を与えていたりします。

日本では、特にITの技術者コミュニティーの市場でFacebookが活用される傾向にあると思います。DevRelなんかも然りです。そうなると、コミュニケーションを取る手段として（メッセンジャーなど）Facebookアカウントが必要になるシチュエーションは出てきますが、エバンジェリストとしての情報発信ツールとしてはソーシャルメディアにこだわる必要は無く、Blogや自社技術サイトなどを主戦場にすることも大いにありだと思います。

ソーシャルメディア、特にFacebookは日本のIT業界では瞬間的に勢いよく大勢にリーチしやすいツールかもしれません。そういう意味ではNice to haveかもしれませんが、あまりそれに囚われ

て本来の活動の目的を見失ってもよくないですので、自分が使いやすいメディアを使ってみてはいかがでしょうか。

A.MUSTではないですが、やらないともったいないですよ（山崎 亘）

　ターゲット オーディエンスにはさまざまなチャネルから情報を提供できます。というか、情報を提供するのにさまざまなチャネルを利用すべきでしょう。メール、webサイト、紙媒体、勉強会などの対面で……などがあり、このひとつとしてSNS、ソーシャルメディアが挙げられます。どのチャネルからの情報がきっかけで我々情報の提供側が期待するアクションが起きるか分かりません（いや、狙いは付けますが）。ですので、インフラのコストがかからないソーシャルメディアをチャネルの1つとして持っておくのは、必要、というかやらないともったいないです。

　また、ソーシャルメディア（DevRel的にはTwitterとFacebookでしょうか）には、他のメディアにないメリットがあります。ひとつ目は「即時性」です。紙媒体→webページ→メールの順に、情報が生まれてからターゲット オーディエンスに届くまでの時間が短くなりますが、ソーシャルメディアではそれが格段に短くなります。つまり、何か情報を送りたいときに「すぐに」送れる。これは大事なことです。たとえば、自社の製品の急なメンテナンスがある場合（できれば避けたいですが）、当日の勉強会の参加者に会場の注意点をすぐに送りたい場合、などです。

　ふたつ目は、「インタラクティブ性」です。紙媒体、webページ、メールはすべて、情報の流れが一方通行です（メールは返信もできますが）。ですが、ソーシャルメディアでは、ユーザーからコメントによって意見をもらうことができます。また、コメントを書くまではなくても、「いいね」による反応を確かめられます。しかも、リアルタイムに。次の投稿の内容を決めるのに役立てられますよね。

　このようにソーシャルメディアによるメリットは無視できません。そのひとつを捨ててしまうのはもったいないです。ただ、気をつけるべきなのは、それなりのケアしながらアカウントを維持しないと、このメリットは得られないということです。これについては、また別の項で。

Q31.Twitterアカウントに人格を持たせるべきですか？

A.人や動物のキャラクターだとしても人格はない方が運用はシンプルです（Journeyman）

　議論がある質問かと思います。非常にシンプルな結論として運用を続けていく上で、人格を持たせると担当者が変わった時に継続が困難になるという事実です。

　いわゆる中の人が長年生身の人間として積み上げてきた関係性や言葉遣いは基本的に引き継げません。その意味で、複数人で運用するかどうかに関わらず、アカウントの持ち味が特有の人格にならないようある程度配慮する必要があります。

　たとえば、独特の語尾を持たせない、仮にファビコンがネコだとしたら、感覚的には語尾にニャンとつけたくなると思いますが、グッとこらえてですます調で統一する。それだけでも、通常のビジネストークの雰囲気は維持できます。

　人格やキャラクターを持たせると演じ分ける必要が発生し、中の人も常に頭の切り替えが必要になります。それはさまざまな面でTwitter運用の難易度をあげます。

まずはシンプルにフォロワーの方にそのアカウントでしか発信できない公式としての有益な情報を適宜ツイートする運用を継続的に行ってください。

一方、その人しか出せない持ち味を存分に出すコトもひとつの選択です。前述したリスクを踏まえて、決めましょう。個性が出れば、好き嫌いが別れたりします。無個性な場合よりも深い関係性を気付きやすい面もあります。一長一短、何のためになぜSNS運用するのか？を踏まえて、決定しましょう。

A.私はある程度は必要だと思います（山崎 亘）

陳腐な表現ですが、現在は情報過多な世の中です。特にTwitterのタイムラインは次から次へと流れていくものです。あなたの運営するTwitterアカウントのアイコンがフォロワーの目に留まったときにツイートを読もうと思うか、流されるのか、その一瞬の判断にその「人格」が良い材料となる可能性があります。

また、フォロー関係の有無にかかわらず、あなたの担当する製品・サービスについてのツイートをしてくれた人にツイートの感謝を込めてコミュニケーションする際に、やはり人格が有った方が円滑に進むでしょう。

ただし、やはりやり過ぎはよくないです。そのアカウントは個人アカウントではないので、自分自身について過度に主張したり、製品やサービスに関わらない自分のプライベートのどうでも良いことをツイートしたりするのは、フォロワーに有益な情報を提供することから離れてしまうので避けるべきです。

と、書きましたが、絶対だめ！というわけでもないのは、あなたのフォロワーとしての普段の経験からもお分かりかと。ソーシャルメディア投稿や運営に慣れてきて「良い加減」がつかめてきたら、スパイスとして少々混ぜるのもアリですね。料理と同様に控えめなさじ加減で隠し味のように。慣れてきたら、たまに少し冒険して、インプレッションなど反応を確認してみたらいかがですか。

A.ソーシャルアカウントは複数人で。キャラクター付けするとハードルが上がります（中津川 篤司）

Twitterに人格（キャラクター）を持たせた運用としては、家電メーカーやお菓子メーカーなどでよく見られます。ことIT系についていえば、サービスのキャラクターを作り、それが人格を持ってツイートしているケースがあります。人格の有無に関係ありませんが、ソーシャルアカウントは複数人で運用するのがお勧めです。そうしないと担当者の退職や異動に伴って運用が停止してしまうリスクがあるからです。顔は見えなくとも、ツイート内容によって「中の人が変わった」のはすぐに分かってしまいます。そして、特定のキャラクター付けは複数人での運用の場合、特に大変です。

キャラクター付けするのは、しない場合に比べて人気を得やすい傾向があります。特にイラスト（二次元）系のキャラクターの場合、フォロワーもキャラクター付けを求めているでしょう。言葉の選び方、語尾などを複数人の運用で統一するのは容易ではありません。担当者が退職しないならばひとりに運用を任せても良いでしょうが、決して永遠のものではないことを理解しなければなりません。その際のリスクヘッジをどう考えるかは企業、サービスによって異なるでしょう。

といった訳で個人的にはキャラクター付けはお勧めしません。特徴付けなくとも、フォローして

くれる人はいます。むしろキャラクターの顔などで選んでいるフォロワーに大きな価値は感じません。中長期的に開発者との対話する窓口としては、キャラクターに頼ることもないでしょう。

Q32.どうやってイベントの集客をすればよいのでしょうか？
A.基本はリード、イベントサイト、ソーシャルメディア経由（中津川 篤司）

　イベントの種類については書いていないので、ここではセミナー（昼間）と勉強会（夜）の二種類で考えます。セミナーの場合、大抵はすでに持っているリードに対して集客をかけます。リードはソーシャルアカウントのフォロワーも含みます。それ以外はWebサイトを訪れた人たちが対象です。共催セミナーの場合は集客の責務も案分されます。リードの獲得法については深く解説しませんが、EXPOなどでの収集は良い方法になるでしょう。開発者をターゲットにしたサービスの場合、お知らせメールを受け取ってくれるユーザーであっても昼間のセミナーは参加できない人が多いと想定されます。広告を使う場合はソーシャルメディアの広告が費用対効果が良いように感じます。

　夜開催される勉強会の場合、集客プラットフォームとしてconnpassやDoorkeeperが使われることが多いです。これらのサービス自体が集客も手伝ってくれるので、自社で独自の集客システムを作るメリットは少ないといえます。キーワード検索で勉強会を探す人たちも多いので、勉強会で行われる内容を細かく載せることで検索に引っかかる可能性を高められます。後はソーシャルメディア（個人、サービスアカウント両方）で宣伝するのも良いでしょう。とはいえ、コンテンツ自体に魅力がなければ参加者はなかなか増えないのは間違いありません。

　集客がうまくいかない要因は色々あります。コンテンツ、集客プラットフォーム、会場、時間帯、他の類似イベントとの被り、企業や個人の忙しい時期に被る、ブランディング、トレンド感、お土産感に乏しいなど理由はさまざまです。こういう時こそ、自分が参加側の立場だったら参加したいかどうか、第三者の目線で考えるべきです。自分たちのサービスだと、どうしても欲目が出てしまいます。そのため集客がうまくいかない原因が分からなかったりします。常に集客がうまくいく訳ではないので、失敗した時こそ改善できる良いチャンスだと捉えるべきでしょう。

A.日時と会場を確定しできるだけ早く案内することを徹底しましょう（Journeyman）

　イベントの目的が何かによりますが、ここでは有料無料含めたいくつかのイベントプラットフォームを利用した集客を中心にお話しします。

　既に利用者の場合は、今でもメールによる繰り返しの訴求は効果があります。いわゆる定期不定期のメルマガです。大抵の場合、費用も掛からずできる施策ですので組み込んでおくことを忘れないでください。

　では、本題のイベントプラットフォームです。多くのプラットフォームはグループというそれぞれのイベントのひとつ上位の概念で束ねることができ、メンバーになったり、フォローができます。グループをフォローしているとイベントの公開都度通知が流れイベントの存在を知らせることができます。単発のイベントでなければ、基本的にサービスに紐づくグループにして運用しましょう。

　続いて集客の開始時期です。これは実際に早ければ早いほど良いです。多くの場合、イベントに興味があっても参加できないケースは先約があるからです。日程を早く伝えることで予定をガード

ができ、集客のシュリンクを予防できます。

　定期的に運営しているイベントであれば、基本的にイベントの最後に次回の開催概要を伝えるようにすることで、劇的に集客が安定します。運営に関わっている実例としてこの施策を導入した効果として、開催ギリギリまで埋まらないが、数ヶ月前にイベント公開して半月立たずにほぼ満席になるように変化しました。集客のポイントは、まず日時と会場を確定しできるだけ早く案内する、これを徹底しましょう。これはイベントの登壇者や話す詳細のテーマなどのコンテキストより重要です。

　まだその運用をされていない方は、だまされたと思って是非試してください。効果を実感できると思います。

A. チャネルとネタ、これにつきます（山崎 亘）

　初めに定義しておきますが、この場合の「イベント」とは、我々DevRel担当が行う「技術勉強会」として話を進めますね。ですので、大きな（まあ、そんなに大きくなくても）ビジネス イベントの場合には、ある程度（規模と予算にもよりますが）、集客費用をかけられるし、かけるべきですし、それである程度は集客できるでしょう。ですが、我々DevRel担当、そんなに予算はないはずです（え？ ある？ じゃ、次の項目へどうぞ！）。予算をかけずに集客するには、定番のやり方、「口コミ」を使いましょう。現代の口コミはやはりソーシャルメディアの活用ですね。

　FacebookやTwitterを使えば、ターゲットとなる人たちにメッセージをタイムリーに届けられるし、予算を気にせずに何度も告知できます。あまりやり過ぎると嫌がられますが、これは、通常、自分がプライベートで投稿するのと変わりませんよね。イベントまでのメイキング的な情報を投稿し、ストーリー感を出して当日までの盛り上げ感を醸成もできます。また、自分からの発信だけでなく、ファンやフォロワーからのシェアやリツイートなども見込めますし（これこそが口コミで侮れません！）、それをお願いするのも効果的です。

　これら、ソーシャルメディアの活用には、それなりのファン数やフォロワー数が必要です。たとえばconnpass（勉強会の集客サイト）を利用している場合、運営者がイベントを公開すると運営者のTwitterのフォロワーにメールが送られます（ソーシャルメディア連携の設定が必要）。運営者のアカウントが成長途中であまりフォロワーが居なければ、フォロワーが多い人を運営に巻き込んでその人にイベントを作成・公開してもらうという技もあります。まあ、これは裏技的なものなので、できれば普段からフォロワーを増やすようにしておきましょう。

　あとは、コンテンツ。毎回同じような内容でイベントを仕立てて、それで集客が伸び悩んでいるならば、思い切って違う切り口でイベントを作ってみましょう。私はIoTアプリケーション開発ツールのDevRel担当ですが、ハンズオンが伸び悩んでいました。LEDを光らせるようなIoTのハンズオンだと世の中にたくさんあるので、それらと差別化するのは難しかったのです。で、趣向を変え「MIDIで音を鳴らす」ハンズオンにしたら途端に満席となりました！ しかも、今までにリーチできなかった人たちも数多く参加してくれました！ どうです？ ちょっとやってみませんか？

Q33. イベントに向いた、または向いていない日時や曜日はありますか？

A. 都市圏、地方で条件は変わります。都市圏ならお勧めは月初の平日（中津川 篤司）

　都内においては週末のイベントはあまり向いていません。殆どの人たちが郊外（23区外、神奈川、千葉、埼玉）に住んでおり、週末は都内にいないからです。特に土曜日の午前中などは疲労をとるべく休みたいと思う人も多いので不向きでしょう。他の曜日で言うとそれほど変わりませんが、金曜日はイベントが多くあります。懇親会をする上でも、明日が休みな金曜日の夜の方がゆっくりと呑みやすいのでしょう。そのため、新しいコミュニティーなどは金曜日は避けるのをお勧めします。

　月で考えると、月末に近いほどイベントが多くなります。これは企業イベントを企画する立場になると、なるべく遅い方が取り組みを開始する日程を遅くできるからです。そのため、向いているのは月初の金曜日を避けた日時になるでしょう。年間で考えると、連休前後や天候が悪い期間は不向きです。たとえば年末年始はよくありませんし、GWやお盆休み前後もよくないでしょう。梅雨や台風シーズンも予期せぬ天候不順によってイベントが中止になる可能性があります。12～2月はインフルエンザが蔓延するので、集客がうまくいかないこともあります。

　地方も状況は変わりませんが、イベントは土曜日に行われることが多いです。普段は都内や大都市圏に出勤し、週末は自宅付近の勉強会の方が参加しやすくなります。都市圏から帰宅するとしても夜遅くなってしまうため、平日の19時くらいから開始するイベントは参加しづらくなります。札幌などはコミュニティー同士がイベント情報を交換し、重ならないように調整しています。そういった特性を理解した上でイベントを開催すべきでしょう。

A. 固定することが大事（山崎 亘）

　「月曜日は週の始まりで会議も多いので、夜抜けるのは厳しい」「平日は残業が多くて無理」「土日は家族優先で」とさまざまな意見があり、どれももっともな理由です。あちらを優先すれば、こちらが優先できないとなるでしょう。

　ただし、コミュニティーや勉強会の性格によってはある程度特性が出てくるはずですので、最初のウチにいくつかのパターンを試してみて多くの人が都合がいい（＝参加してくれる）パターンを仮でもいいので決めたら、しばらくはそのパターンで通してみるのがいいでしょう。

　たとえば、毎月第3木曜日の夜7時半からとか、最終土曜日の午後1時からとか、あるいは朝活で朝7時半とか。懇親会の代わりに朝食を食べながらなんていうのもアリかと（ちょっと私は苦手ですが）。いずれにせよ、リードする人物が無理なく続けられるというのもパターン決定には重要です。パターン決定には、同様な主旨のイベントと重ならないようにするのも考慮すべきポイントです。最近、コミュニティー イベントも増えているので難しいですが、たとえばconnpassを使って集客しているのならば、connpassのカレンダーを見て他のイベントのパターンを見つけてそれを避けるとか。

　最後に忘れてならないのは、それをしっかりと毎回（毎回新しい人もいるので）宣言すること。「このコミュニティー イベントは毎月第3木曜の夜7時半から開催しています。」などと。「あのイベントが毎月あのタイミングで開催しているので避けよう」と他のイベントの主宰者に思ってもらえれば嬉しいですね（それだけ成功しているイベントですので）。

A. 大事なのは早く開催日時と場所をアナウンスすること（Journeyman）

複数のコミュニティーのオーガナイズに携わった経験から工夫しているコトをお伝えします。

業務時間である平日日中、業務時間外である平日夜間と週末の3つの視点で整理します。

平日日中、これには難しい問いがあります。まず、イベント参加が業務に当たるか？という問いです。まだまだ多くの会社がその答えには窮していると感じます。業務が労働集約型である場合は、業務の成果を出すコトそのもの以外は認められないケースがほとんどです。かつ、客先常駐で時間精算（いわゆるSES）しているケースなどは、難しいでしょう。統計をとった訳ではありませんが、エンタープライズな企業に多いといえます。一方で成果（アウトカム）型の場合は働き方の自由度も高く、時間管理ではなく成果管理なので、影響が少ないと考えます。それらを踏まえて曜日の特性があるとすると月曜と金曜は対面の会議が多いケースが見受けられるので、複数日の終日カンファレンスは意識的に避けているとも聞きます。

平日夜間、コレは非常に参加しやすいフォーマットだと考えます。多くのイベントがこのスタイルを採用しているコトからも伺えます。毎日でなければ、比較的残業が多い現場でも調整がつけやすいと考えます。自分が運営に携わっている勉強会でも歩留まりが9割というケースも少なくありません。また、集客の面では開催日を早く告知し参加者が調整しやすくすることは非常に重要です。継続して開催しているイベントであれば、毎回次回開催を告知できると非常に効果が高いです。一方で、子育てされている場合は、寧ろ参加しにくい面もあります。

週末は、お子さんがいる・いないなどの家庭環境により大きく変わってきます。いわゆる家庭内稟議の話です。無論、業務時間外なので仕事に縛られるケースは極めて少ないですが、ご家庭の事情により大きく異なります。イベントの想定参加者が比較的若い世代であれば、あまり問題にならないかもしれません。ご家庭があるママさんはご主人に子供を預けて参加できるメリットもあります。週末を主軸に女性向けイベントの開催タイミングを考えることはひとつの作戦です。

まとめ、それぞれの日時や曜日特性はありますが、早く開催日時を確定してアナウンスするコトがそれ以上に重要です。

Q34.イベントに懇親会・ネットワーキングは必要でしょうか？

A. イベント次第ですが、コミュニティーの広がりを作る意味であった方が良いのでは（長内 毅志）

イベント・勉強会の内容・趣旨や、時間設定によります。何が何でも懇親会を行う必要はありませんが、ユーザー同士のつながりを広げる意味では、懇親会やネットワーキングの時間があった方が参加者としては嬉しいのではないでしょうか。

イベント・勉強会の参加者にとって、参加のモチベーションはさまざまです。人によっては知識・情報を吸収したい、というのがメインの目的かもしれません。そのような参加者にとっては、ネットワーキングの時間はあまり重要ではないかもしれません。一方で、同じ興味・関心を持つ者同士、知り合いの輪を広げたい、という参加者は決して少なくありません。そのような参加者にとっては、イベント・勉強会の内容と同じぐらい、参加者同士で会話をしたり、交流を広げることはとても大事な目的のひとつなはずです。

もし特定の知識・情報だけを手に入れたい場合、必ずしもイベント・勉強会場に来る必要はなく、場合によってはネット上のドキュメントや、市販される技術書・リファレンス情報本でも入手できるかもしれません。現在は、ありとあらゆる情報がインターネット上に共有される時代で、著名なイベントや勉強会はメディアが取材記事を書いたり、登壇者が資料を共有したり、参加者によるブログやツイッターによって拡散されるため、その場にいなくてもある程度イベント・勉強会の情報が手に入る可能性も高いです。その一方で、「リアルな場所に同じ興味・関心を持つ者同士が集まる」ことに大きな意味がある場合も多いです。ときにはネットに共有できない、ここだけの話を聞くことができます。新たに広がった仲間の輪から、さらに新しい情報が共有されたり、刺激を受けるような情報を互いに与え合うこともよくあります。

　イベント・勉強会の主催者側には、主催者視点でのモチベーションや開催理由があると思います。一方で、参加者側の視点から見ると、参加者が感じるメリットと、主催者側のメリットは、必ずしも同じではありません。参加者は、わざわざ自分の時間やお金を使ってまで、その「場」に来る理由があるはずであり、そのひとつとして、その場でしか得ることができない交流・会話があります。

　参加者の視点に立って考えれば、ネットワーキングや交流の時間・場所を作ることは、参加者に対する「おもてなし」のひとつであり、設定するべき事柄といえるでしょう。

A. 相互コミュニケーションを活発にするため、懇親会・ネットワーキングは必ずセットしましょう（Journeyman）

　DevRelの関係性はベンダーとユーザーを軸に語られるコトが多いですが、イベント参加者のモチベーションのひとつに同じ目線のユーザーと繋がるコトが少なくありません。

　これはイベント運営している自分、一参加者として参加している自分という両方の立場からもいえます。

　イベントから懇親会・ネットワーキングを引くと何になるでしょう？それはいわゆるセミナーの類です。一方的に情報発信はできますが、横の繋がりは生まれません。そもそも大抵の場合は、ベンダー側の刈り取り施策です。

　外部の開発者との相互コミュニケーションを通じて、自社や自社製品と開発者との継続的かつ良好な関係性を築く目的を実現するために、懇親会・ネットワーキングは効果的です。

　セミナーで話すのは講師、イベントやミートアップで話すのは登壇者でそこにはかなりの温度差があります。また、参加者を登壇者にしやすい仕掛けとしてLT、ライトニングトークという5分程度のショートプレゼンを利用し希望者の登壇機会を設けています。

　それは講演料を払い、先生として壇上に立つコトとは似て非なるモノです。それらすべては、相互のコミュニケーションを円滑にし横の繋がりを作り、マーケティング目線でいえば口コミが生まれやすい情報流通を促す方法です。

　その意味で自分が運営に携わっているイベントの多くは、冒頭に全員の自己紹介を入れています。20秒程度全員の前で話していただきます。同じ業界の方と分かったら声を掛けやすいと思いませんか？

　是非、一方通行にならない相互コミュニケーションをしやすい場作りに努めましょう。

A. コミュニティーには必須。イベントの体裁、対象層によって考えましょう。（中津川 篤司）

　コミュニティーのイベントという話であれば懇親会（コミュニケーションする時間）は必須でしょう。コミュニティーは人と人のつながりで形成されます。誰かが登壇して話すだけの会ではなかなか会話は生まれません。コミュニティーの場合、セッションはコンテンツです。ただ話すだけの会というのはなかなか成り立ちません。異業種交流会であっても、あれは名刺交換会として次のビジネスにつながるからこそ成り立っているのです。コンテンツを軸として人が集まり、そこに会話を生むために懇親会は大事でしょう。

　セミナーなど、もう少し固い形であれば懇親会はなくても良いでしょう。恐らく実施しても盛り上がりにいまいち欠けたり、懇親会は参加せずに帰ってしまう人も多いかと思います。つまりイベントの体裁、対象層、時間帯などによって懇親会を行うかどうかを決めれば良いのです。

　イベント中にネットワーキングタイムを設けるものもありますが、個人的には苦手です。開発者の多くは話すのがあまり上手ではありませんし、外国人のように周りにいる誰かれ構わず話しかけられるようなテクニックは持ち合わせていないでしょう。Twitterなどを見ていても、ネットワーキングタイムはいらないから、さっさと次のセッションに進んで欲しいという声も聞かれます。学ぶ時間とコミュニケーションする時間は分かれている方がすっきりします。すべてのコンテンツが終わった後、頭を切り換えて懇親会に臨む方が個人的には好きです。

Q35. イベントのドタキャンが多いです。

A. イベントをもっと魅力的なものにしましょう（中津川 篤司）

　イベントに参加しない人の心理としては、あなたのイベントと何か別なものと天秤にかけた時に、別なものの方が勝ってしまうからキャンセルするのでしょう。別なものといってもイベントに限りません。会場まで行くのが面倒だったり、眠かったり、明日の仕事を気にしてのことかも知れません。とにかく何か別な阻害要因によってあなたのイベントに参加しないのです。となるとやるべきはイベントを魅力的にする以外にありません。来たいと強く思える内容にする、来ないと損すると感じるものにするといった工夫が必要です。つまり参加者側の立場で、参加したいと思える内容にするのです。

　東京に限って言うと、イベントの数が多すぎるという問題があります。しかも類似するイベントも多数あります。その結果、今日参加しなかったとしても別なイベントで手に入る情報であったりすると、参加する希少性がさらに下がってしまいます。運営側は、他とは違うのだと思っていても、なかなか伝わらないものです。テーマやコンテンツのユニークさ、他では手に入らない情報であることをアピールしましょう。

　イベントへの参加を忘れているというパターンもあります。これはリマインダーを強化する他ありません。イベントに先駆けてあらかじめ必要な作業がある場合も同様です。1週間前、3日前、前日そして当日と繰り返しアナウンスすることで来てもらえる可能性を高めましょう。なお、何度もドタキャンする、またはノーショー（来ない）人はブラックリストに登録し、あらかじめ参加拒否するのがお勧めです。運営側の精神衛生をよくするのは、良いイベントを開催する上でも大事なこ

とです。

A. そんなものとして準備しておくのがいいのでは（山崎 亘）

　ドタキャン、というかキャンセルを防ぐために「申し込んだら絶対に来てくださいね」とか「絶対にOKな場合のみ申し込んでください」とかにすると、ハードルが上がって集客が伸び悩みます。何より堅苦しい雰囲気になります。

　とはいえ、何もしないのはよくないですね。しつこくならない程度に登録者にメールを送り、リマインドしたり、内容を再度アピールしたりして魅力的なものにします。TwitterやFacebookなどのソーシャルメディアを運用しているのであれば、定期的にイベントの内容を投稿するのもいいでしょう。可能ならば、登壇者から意気込みコメントなどをもらって投稿すると、さらに魅力的になり、「このイベント、やっぱり参加したいな」となるはずです。

　やることを充分やったとしても、当日のキャンセルはゼロにはなりません。前日にリマインドのメールを送った後はやはりキャンセルが増えます（逆にいえば、リマインド メールを送れば、当日の「無断の」ドタキャンは減ります）。自分が参加する側で考えれば、「急に業務命令が下された」とか、「急に家族から業務命令（!）が下された！」とか、突然の体調不良とか、どうしても避けられない理由で欠席しなければならないこともあります。ですので、2割から3割（この辺の割合は回数こなして判断してください）はキャンセルがあると思って、平常心でいましょう。その辺にストレスを感じ過ぎる必要はないでしょう。

　また、ちょっと本筋からは離れてしまうかも知れませんが、ミートアップなどの勉強会の場合、人数が少なくなってしまったらそれを逆手にとってその良さを出す工夫でも乗り切ってみませんか？参加者が少ないなら自己紹介の時間を設けるとか、いつも自己紹介の時間があるならそれを多めに取って、今思っていること、その勉強会で知りたいと思ったこと、ほかの人に聞いてみたいことなどを共有する時間を冒頭に取ってみるなどすると、本編のスピーカーはそれらを踏まえて話を膨らますこともできますね。もし、LT（Lightning Talk）スピーカーにドタキャンされてしまったら？？残念ながらよくあることですが、慌てずにほかのスピーカーに規定の時間よりも長めに話してもらって良い旨を速やかに伝え、余裕を持って話してもらう、合間にQ&Aタイムを設ける、司会がスピーカーに少し突っ込んだ質問をしてみるなどして、内容の濃い回にすることができます。当日その場でLTの参加を募ってみるとかも可能ですね。だいたい運営スタッフで急遽持ちネタを披露したりすることにもなりますが。

　いずれにせよ、人数が少ないことがメリットとなり、よりいっそう濃い内容の回に工夫次第でなり得ると理解認識しておけば、少なくともパニックになることはありません。繰り返しになりますが、ドタキャンが多くなってしまっても落ち着いて取り組みましょう。

Q36. イベント会場を選ぶときに注意することは何ですか？
A. イベントの来場者の立場で考えると良いでしょう（萩野 たいじ）

　DevRelをやっていて、イベントを実施する際の会場選びは常に課題になることのひとつです。本来、そのイベントを主催するエバンジェリストやアドボケイトの所属する会社でやれればスムーズ

なのかな、とも思います。しかし、たとえば私が所属する会社を例に取ると、コミュニティーイベントをやるにあたり次のような課題が発生します。

- 受付後、セキュリティカードがないと中に入れないが、参加者ひとりひとりにはカードを配布できない
- 会場に使える部屋が原則飲食不可なので懇親会やビアバッシュができない
- ゲストが自由に使える電源とWi-Fiがない
- 原則集金を伴うようなイベントができない（有償イベントが難しい）

などなど、参加者からしてみると中々不便さ極まりない会場なわけです。つまり、逆から見ると、

- 自由に出入りできて
- アルコール含め飲食が可能で
- 電源が自由に使えて
- ゲスト用Wi-Fiが開放されていて
- お金を扱っても差し支えない

というような会場が理想といえます。

欲をいえば、これに加え

- アクセスがよくて
- 景観やインテリアがお洒落で
- コミュニティー活動に理解のある

そんな場所だと最高ですね。

もちろん、有償で貸してくれたり、条件次第で無償で貸してくれたり、色々な場所があります。DevRelを通じて良い関係を作り上げることで、協力してくれる「仲間」が増えると思いますので、模索してみると良いと思います。

A. 参加者のエクスペリエンス第一で（山崎 亘）

まずは当然キャパシティですよね。収容人数。人を集めてイベントをするわけですので、20人なのか50人なのか、100人なのか、それとも1,000人なのか。必要とする人数が収容できる会場でなければなりません。コストの問題もあるので、「大は小を兼ねる」で大きければいいわけでもありません。50人のところで20人を集客するならば、余裕を持って使うこともできますが、500人のところに200人の集客だと、そのままではスカスカ感が強すぎるので、仕切って受付まわりと二部屋扱いにするとか、テーブルを用意してシアター形式からスクール形式にする（逆もまた然り。技術イベントならラップトップを置けるようにスクール形式が基本ですが、基調講演などではシアター形式にしてより多くの人数を収容することも）などの工夫が必要です。

次は、アクセス。これはコストにも関わってくるので、キャパシティとともにイベント運営者の悩みですね。駅から近いに越したことはありません。先日、とあるイベントに参加しましたが、どの駅からも15分くらい歩く必要があるのにあいにくの土砂降り。バスなども適切なものがなく、会場に着いたら鞄はビショビショ。あの会場はもう嫌だなと思ってしまいました。イベント内容は非常に良かったのに。ちょっと脱線してしまいましたね。私が前に駅から遠いホテルの会場を使うイ

ベントを運営した際にはホテル側に交渉してシャトルバスを朝と夕方のみ増便してもらう工夫をしました。こういう工夫があれば駅から遠い会場（＝コスト面でも有利）が使えます。あとは、そもそも場所が遠い場合。先日も大きなイベントが幕張メッセで開催されました。とても広く使えて贅沢でしたが、参加者からは不評でした。この場合、主催会社の方は会場が決まりアナウンスできるタイミングを可能な限り早くして、宿泊施設を確保するようお願いする工夫をしていました。

会場を選ぶにはコストの問題や、空いているかどうかの問題があります。日程が優先なのか、会場が優先なのかにもよりますが、まずはイベントの目的を明確にして、来場参加者のエクスペリエンスが優れたものになるような会場を選択し、理想から少し外れるようでしたら工夫してカバーする必要があります。

A.交通の便とファシリテーションのしやすさをチェックしましょう（長内 毅志）

イベント会場を選ぶときは、まずアクセスの良さがどうか。次に、スタッフが準備を進めやすいかどうか、をチェックすると良いでしょう。

イベントの開催日時や内容によって、適した会場は変わってきます。たとえば、平日夜にイベントを行う場合、参加者の大半は自分の仕事が終わってから参加する形になります。この場合は交通の便がよく、アクセスが良い場所の方が参加者にとってありがたいでしょう。逆に、土日にまとまった時間で行う、ある程度の規模感があるカンファレンスのような場合、多少駅から離れていても、施設が充実していて費用も手頃な方が開催しやすいでしょう。

次に、ファシリテーションのしやすさについて。もし数百人単位の参加者が見込まれるイベントの場合、どんなに安くて交通の便がよくても、会場が手狭だったり、トイレが少なかったり、Wi-Fiの状況が悪い場所だと、参加者の満足度はぐっと下がってしまいます。少し交通の便が悪かったとしても、会場が適度に広く、通信状況も良い、ゆったり参加できる会場の方が、全体の満足度は上がることでしょう。

また、物品搬入のしやすさも大事です。普段はオフィスとして使われているような会場をイベントで使う場合、機材の搬入口が存在しなかったり、飲食が禁止になってたりと、スタッフが想定したような内容で進めることが難しい場合があります。機材や什器など、かさばるものを設置する必要があるイベントの場合、予め搬入・搬出がしやすいかどうか、チェックしておきましょう。また、懇親会を企画している場合、飲食の持ち込みは可能か、食べたあとの後始末（残飯や飲み残しなどを処分する場所）などもしっかりと確認しておきましょう。

会場によっては、事前に参加人数分の入場券を発行する必要があります。入退場の方法をよくチェックしておかないと、参加者を集めたは良いが当日ひとりひとりに入場券を手渡す必要があるにも関わらず、受付スタッフが確保できない、など、想定外の自害が起こる場合もあります。夜に開催するイベントの場合、オフィスのゲートが閉まっていて、通用口に常にスタッフが配置されていなければいけない場合もあります。

会場のセキュリティはどのようになっているか、入退場の手続きはどのように進めるか、なども、しっかりと確認しておきましょう。

Q37.イベント後のアウトプットが増えません。どうしたらいいでしょうか。

A.アウトプットのかたちはさまざまです。SNSでの投稿を土台に設計しましょう。（Journeyman）

　アウトプットと聞くと多くの方はブログや発表スライドをイメージするのではないでしょうか？しかし、アウトプットのかたちはさまざまです。イベントに紐づく発信をすべてアウトプットと捉えると少し考え方が変わるのではないでしょうか？

　そこでSNSです。本書を手にとる方の多くは、SNSのアカウントをお持ちではないでしょうか？イベントの参加申し込みを行う多くのプラットフォームがSNSとのアカウントと連携しています。つまり参加者の多くが何らかのアウトプットをするプラットフォームを利用しているといえます。

　その中でももっともライトに投稿ができるのがTwitterではないでしょうか？イベントに紐づくハッシュタグは強力です。またリツイートによる拡散力もまたしかりです。確かに炎上などのリスクも聞きますが、さまざまな方が匿名で利用できる開始のハードルが低いプラットフォームのひとつだと思います。

　イベントに紐づくハッシュタグを決め、開始からイベントの模様やイベントの感想などをハッシュタグ付きでつぶやいてもらえるよう参加者に働きかけましょう。これは非常に効果があります。

　多い場合では2時間に満たない夜間イベントでも数百のツイートが発信されます。これだけで十分にアウトプットといえるのではないでしょうか？

　加えてイベント後のアウトプットとしてツイートまとめを公式または運営メンバーで作成しなるべくイベントの熱量が高いうちに公開します。これは参加者のブログ作成にとってもとても有益な情報源になります。

　実際自分が作成したツイートまとめを参考にブログを書いたという声を何回も伺っています。加えて運営サイドでは、エゴサーチ（エゴサ）を通してイベント後にもブログ発信がされているか確認します。見つけたらイベントに紐づく公式アカウントで紹介します。

　このサイクルを地道に繰り返すだけでも、イベントをデジタルでアーカイブするというアウトプットの目的の一部は確実に実行できます。ひとたびまとまれば、そのまとめが更にシェアされデジタルでのアウトプットの総量は確実に増えます。

　SNSでの投稿をアウトプットして、まず運営が率先してツイートやまとめなどでアウトプットし、続くフォロワーの方を獲得して行きましょう。

　＜ツイートまとめ参考、ご興味あればご覧ください＞
　https://togetter.com/id/beajourneyman

A.イベント内で呼びかけ、主催者も実際にアウトプットするのはどうでしょう（長内 毅志）

　イベント・勉強会の会場では、ファシリテーションを担当する司会者・スタッフがいらっしゃると思います。司会者が会場内でアウトプットを促すように呼びかけるのはどうでしょうか。また、司会者・スタッフのみなさんが、実際にアウトプットしてみるのはどうでしょうか。

　アウトプットが多いイベント・勉強会に参加すると、会の進行を担当する司会者が、タイミングよく「ぜひアウトプットをお願いします」と呼びかけることが多いです。それも、1回だけ伝えるの

ではなく、会の開始前・開始直後、休憩時間の前後、会の最後など、何度かに分けてアウトプットを促しています。イベント・勉強会に参加する参加者の皆さんは、メモを取ったり、情報を検索したり、忙しく過ごしています。そんな場合、1度伝えるだけでは心に残りづらいため、何度かに分けて同じメッセージを伝えることで「アウトプット」へ意識を向けてもらうのです。まさに「大事なことは2度伝える」を地で行く方法ですが、アウトプットを増やすために有効な方法のように思えます。（あまり強調しすぎると、それはそれで煩わしいため、程々が良いでしょう）

　もうひとつ有効な方法として、「スタッフ側からもアウトプットの例を見せる」方法があります。たとえば、イベント開催中にスタッフがツイートを行ったり、イベント後に簡単なレポートブログを書くなど。難しいアウトプット、高度なアウトプットである必要はありません。むしろ、簡単でシンプルなアウトプットを行うことで、「あ、この程度のアウトプットでもよいのだな」と、参加者がアウトプットへ感じるハードルを下げることの方が重要です。人によっては、ツイートをしたり、ブログを書くという行為が、とても敷居が高いと感じる人も数多くいます。そんな方にとって「難しいアウトプットは必要ないよ」「簡単なアウトプットでも大丈夫だよ」と感じてもらい、アウトプットという行為に対するハードルを下げることで、参加者からより多くのアウトプットを引き出してみてはいかがでしょうか。

A.アウトプットしたくなるようなイベントにしてますか？（萩野 たいじ）

　イベントを実施した時運営サイドとしてはアウトプットが多いと嬉しいものですよね。逆にアウトプットが全然ないイベントはとてもさみしかったりするものです。では、どうすればアウトプットが増えるのでしょうか？

　さて、これを考える前に、アウトプットとは何か？に触れてみましょう。

1．ブログ
2．Twitterなどのソーシャル
3．メディアでの記事
4．ソースコード

主だったものでこんなところでしょうか？ソースコードは技術系のイベントでそれをトリガーとしてコードへのコントリビュートなどが行われた場合はそれがアウトプットといえるので入れてますが、質問の意図的には1〜3かなと思います。

　ブログを書く人の気持ちになってみましょう。参加したイベントが素晴らしく、自分がそこへ参加したことを誰かに共有したくなる、そんなイベントであれば自然と筆が進むのではないでしょうか。これは数万人規模の大規模カンファレンスでも、十数人の小規模なmeetupでも同じです。「ああ、このイベントへ参加して良かったなぁ。楽しかったなぁ。この感覚を誰かに共有したい！」と思えばきっとブログを書いてくれる人はいると思います。なぜなら、イベントが素晴らしい→記事の内容に需要が出てくる→自分が書いた記事のPVが増える→その人もうれしい、といったことかと思います。

　イベントの質を向上するというのは大事だとして、先ずできることも考えてみましょう。Twitterの活用は非常に効果的と思います。イベント運営時に、参加者の方々へツイートするよう投げかけ

てみましょう。その際ハッシュタグは必ず定めてください。

イベントが終えてから、ハッシュタグでツイートを集めてみましょう。30人参加のイベントでひとり2回ほどツイートしてくれたら、それだけで60ツイートですから集めればそこそこのアウトプットとしてとらえられると思います。

まとめますと、アウトプットがなぜ必要なのか？を考えることです。その上で、それに見合ったアウトプットが出るように誘導する、そういった運用をやってみてください。あなたのイベントが盛り上がることを祈っております。

Q38. コミュニティーが自走するまでの期間、ベンダーとしてコミュニティーにどう関わるのがよいのでしょう？

A. コミュニティーマネージャを立てましょう。そしてファンに会いましょう（中津川 篤司）

ベンダー側はまず窓口になるコミュニティーマネージャを立てます。その人には十分な権限を与えなければなりません。毎回会社に持ち帰って相談しているようではメンバーが興ざめしてしまうからです。そしてコミュニティーマネージャはコアメンバーになりえる候補者（ファン）と直接会いに行き、コミュニティーを作る旨と、それに対する印象を伺います。そこでコアメンバーになってくれそうか否かを判断します。全員に会うのは難しいと思いますので、キックオフイベントとして、ファンを集めたイベントを開催します。そこでコアメンバーになってくれそうな人を探します。

コアメンバーが見つかったら、彼らとコミュニティーマネージャが話し、次回のイベントを決めていきます。最初はコミュニティーマネージャが司会をしても良いでしょう。数回司会を行うことで、コミュニティーの形がしっかりと固まります。逆に、最初からユーザーに任せてしまうと、ファシリテーションに不慣れだったりしてアウトプットが増えなかったり、イベントが盛り上がりに欠けてしまう可能性があります。コミュニティーの紹介スライドなども、最初はベンダー側で作る方がお勧めです。

二回目以降は前回のコンテンツを流用しながらユーザーに運営を任せていけば良いでしょう。支部を作る場合も同様です。地方の場合はユーザーの存在が確認できないこともあるので、その場合はベンダー主催のイベントを開催してみて、ユーザーの存在やコミュニティーの可能性を判断してみる方法もあります。

A. キャッシュアウト、ベニュー、コンテキストに気を配りサポートしましょう（Journeyman）

複数のコミュニティー運営に関わってお互いの距離感が互助的な関係になりやすい距離感についてご紹介します。

コミュニティーの運営に必要なキャッシュ（出費）、ベニュー（会場）、コンテキストの3点を軸にご紹介します。無論他にもありますが、自走するまでという範囲で支援が欲しい部分は絞れます。

まず、重いのがキャッシュです。イベントの場合、多くは平日の夜間にあります。お腹が空く時間帯に行われるので、飲食のコストが掛かります。フードドリンクの支援をもらえると助かります。

もうひとつ運営で毎回課題になるのが、会場探しです。これは本当に難しい課題で、コミュニティーが認知されるまではベンダーのイベントスペースを貸してもらえるととても助かります。

コミュニティー自走化までに注力するコトとしてトンマナやコンテキストを一定の水準に保つコトです。ノーコントロールだとズレて来てしまう場合が少なくないので、コミュニティーマネージャの方が対話を通して整えるのが良い方法です。色んな意見の方がいらっしゃるので、周りを省みない方の存在は危険です。コミュニティーから抜けてもらうなど悲しい決断をしないといけない場合もあります。

さまざまな面でサポートするコトで、ユーザーのリーダーとの距離は縮まります。是非零れたボールを拾って上げてください。

A. 一緒にグループや場を作る「仲間」として活動するのはどうでしょうか（長内 毅志）

あなたが会社の業務としてDevRelの業務を行っている場合、ユーザーやコミュニティーとは異なる立場であり、見えない「線」のようなものが存在するものと思います。

その一方で、「0」から「1」を生み出すことは、頭で考えるより遥かに大変で、労力がかかるものです。コミュニティーづくりも同様で、最初はなかなかうまく軌道に乗らず、活動も散発的であることでしょう。そんなときは、「企業の一員である自分」は一度棚に上げ、「サービスを使う一ユーザー」として、コミュニティー活動に協力してくれる仲間とともに活動するのはどうでしょうか。

人間が集まって形作られる「コミュニティー」の運営は、傍で見ているより遥かに難しいものです。参加者はそれぞれ意図や計算があり、自分に対するメリットを意識しながら動いているため、時として運営が前に進まないこともあります。そんなときは「製品・サービスのDevRel担当者」という立場をうまく使いつつ、コミュニティーの中に飛び込んで、一緒に汗をかいてみましょう。

たとえば、勉強会の開催にあたって、スタッフとして受付をしたり、会場設営を手伝う。勉強会やイベントの企画立案、告知活動に協力する。懇親会に参加して、個人的な人間関係を構築する、など。ユーザーコミュニティーは、人と人との関係性から生まれる「人同士が集まる場所」です。逆に言うと、ビジネス的な関係よりも、コミュニティーが目指す目標や理想に共感する人であれば、ビジネス的な関係を超えた場所で、人間同士の友好関係を作ることができる場でもあるのです。

重い石を動かす場合、最初に持ち上げるのは大変ですが、一度坂を転がり始めると、どんどん加速がついていきます。ユーザーコミュニティー活動も同じで、最初に軌道にのせるまでが大変です。そんなときは、「仲間のひとり」として、一緒に活動してみましょう。新たな関係が生まれ、長く付き合うことができる仲間ができるかもしれません。そして、コミュニティー活動が活性化してきたら、少しずつ運営をお任せして、DevRel担当者としてサポートに回っていきましょう。

Q39. コミュニティーの懇親会費、当社が払うべきでしょうか

A. フェーズにもよりますが、最初は全額か多めに出すのがいいのでは？（山崎 亘）

コミュニティーがテーマとして扱うものが、自社の扱う製品あるいはサービスか、それらがベースとして使用するテクノロジーの場合、コミュニティーが活性化していくことは自社にとっても有効です。たとえば、まだまだこれから伸びていく領域やカテゴリーの場合、言い換えればまだまだ小さい、あるいは少ない人数が関わるのみの場合、小さなパイを競合他社やその他のライバルと取り合うと自社の分け前は当然小さなものになり、ビジネスも拡大できません。そのカテゴリー（テク

ノロジー）がまだ黎明期のフェーズにある場合には、競合となるであろう数社と組んでカテゴリー自体を盛り上げることは定番のやり方です。そうしてパイを大きくしていって健全なやり方（他社を非難して蹴落とすのではなく、純粋に自社製品の良さをアピールする）で競争していき、妥当な大きさのパイを食べるべきですし、ユーザーも戦い方を見ているので気に入ってもらえて永く使ってもらえる可能性も高くなるのです。遠回りしてしまいましたが、将来のための「投資」と考えれば、マーケティング予算をつけて支払うのも妥当でしょう。

別なアプローチかも知れませんが、「広告宣伝費」として懇親会の費用を出す場合もあります。

前述のフェーズではない場合（成長期にある場合など）でも、自社製品の知名度が今ひとつ足りない場合なら、懇親会の費用を出して「懇親会スポンサー」になれば遠慮なく自社製品の宣伝ができます。LT（ライトニング トーク）の会で自社製品の宣伝をすると嫌がられますが（ネガティブイメージにつながります）、懇親会スポンサーなら話は別です。ターゲットとなる人たちが集まる場所で宣伝ができるのですから、バナー広告やメール広告に比べたら遙かに安いですし、効率も良いはずです。マーケティング予算を付けるには、マネジメントにこのようなロジックで説得すれば良いでしょう。

A.ケースバイケースといえるでしょう（萩野 たいじ）

懇親会費をどう捉えるかによっても変わってくる質問ですね。両方のケースで考えてみましょう。ひとつは、主催者サイド（そのコミュニティーの主テーマ技術のプロバイダー、ベンダーを想定）で支払うケース、もうひとつは参加者から徴収するケースです。

分かりやすいと思うので、参加者から徴収するケースから整理すると、「懇親会付きのコミュニティーイベント」なのか、「懇親会は別のコミュニティーイベント」なのかで受ける印象が変わると思います。

たとえば1,000円払わなくてはならないコミュニティーイベントがあったとします。それが「イベントそのものへの参加費」として捉えられるか、「イベントは無料だけど懇親会費がかかる」として捉えられるかでずいぶん印象が変わってくると思います。一概にはいえないですが、私の感覚では前者の方が参加しやすくイベントが盛り上がる傾向がある気がします。有料でも参加するということはそのイベントの内容に価値を感じてくれているということです。懇親会はあくまでその一部です。お酒を片手に他の参加者と交流を深めたり、情報交換をしたりと有意義に感じられることでしょう。しかし、イベントは無料、懇親会費別途、となると、参加者のモチベーションとしては、無料だからイベントには参加する、懇親会はお金がかかるから参加しなくてもいいや、となる人も出てきます。（もちろん皆が皆ではないですよ）

次は主催者企業が懇親会費を負担するケースです。この場合当然ながら参加者の費用負担はゼロです。参加者募集のタイミングで、懇親会無料と謳った場合のリスクとしては無料飲食目的の方が参加してくる可能性があるということです。技術コミュニティーのイベント（＝勉強会）でその技術市場を活性化させることが目的のはずが、飲食目的の人でその枠を取られてしまっては本末転倒です。メリットとしては、その企業が参加者をもてなしてる感があるため、企業イメージとしてきらびやかに映る（可能性がある）というところでしょうか。まだ知名度の低いサービスや企業が走

り出しで加速させる場合には有効な事もあるでしょう。

　私はどちらのケースも行ってきた経験がありますが、開発者コミュニティーイベントであれば、あまり過度に企業側がもてなすのは時によりマイナスなこともあり、参加者がみんなで作り上げるコミュニティーにするため、参加費徴収で開催する事の方が今は多いです。これらのことを参考に、シチュエーションによって決めてみてはいかがでしょうか。

A. ケースバイケースです。「一緒に場を作りたい」という気持ちを大事にしましょう（長内 毅志）

　DevRelが主催するイベントやコミュニティーの活動によっては、コミュニティー主催者やスタッフが「お酒代を出して欲しい」「イベント台を全宅負担してほしい」という要求を行う場合があります。もちろん、費用を出すことで、活動がスムーズになる場合もありますし、イベントの開催がスムーズに進むケースも多いです。

　一方で、ユーザーコミュニティーは「ビジネスパートナー」とは異なる集合体でもあります。

　金銭的な収益を目的として、互いの時間とリソースをシェアしあってビジネスをともに行うのがビジネスパートナーです。それに対して、DevRelの活動を通して関係性を作る「コミュニティー」は、金銭的なメリット以上に、「サービス提供者、利用者の立場を超えて、共通の興味・関心によって結びつき、相互に助け合い、支え合う集団」と言い換えることができます。

　そのような関係性を前提に考えると、サービス提供者が一方的に金銭的な提供を行い、コミュニティー参加者が出資を前提に活動を行う場合、「コミュニティー」というよりも「イベント代理店とクライアント」のような関係になってしまいます。

　サービス提供者がコミュニティーに対して、「大事なのは集客数であり、規模感である」という場合、金銭的な提供を行って、数を目標とすることもあるでしょう。一方で、そのような関係性は「相互に助け合う集団」としてのコミュニティーとは異なる姿であり、別に考えた方が良いでしょう。

　サービス提供者と利用者が、互いに健全なコミュニティー活動を行いたいと考えるなら、その気持ちを互いに伝えあい「一緒に場を作りたい」と伝えてみましょう。サービス提供者はお金もそうですが、自らの時間と作業をコミュニティーに提供し、「コミュニティー作り」に参加することで、金銭的な関係だけでなく、対等な仲間として議論し、情報交換を行うことができるでしょう。その上で、コミュニティーの運営費をどのように負担していくかを考え、一緒に考えてみましょう。

Q40. コミュニティーの成功や自走をKPIにしてよいものでしょうか？
A. 大元の目的・戦略に合ったものかどうか確認しましょう（山崎 亘）

　「コミュニティーの成功や自走」は一見、DevRel活動の成功（達成）度合いとしてKPIにしてもいいような感じがします。ですが、まずは、大元の目的あるいはそれを達成するための戦略はどうなっているのか確認してみませんか？ でないと、達成したとしても独りよがりで、その製品的にはあまりメリットがないものとなり、マネジメントからも認められません。「上にこびへつらう」とかでなく、認められないと今後のDevRel活動の継続が危ぶまれるからです。DevRel活動にもサステナビリティが必要です。

　目的のための戦略としてコミュニティー活動がふさわしいものであったとして、今（今年度）は

どのフェーズでどのような状態であるべきなのかを定義し、その状態に対して現時点でどうなのかをKPIにするべきでしょう。「コミュニティーの成功」の「成功」の定義があやふやなままだと、マネジメントからの評価だけでなくコミュニティーに関わるすべての人がハッピーではありません。

たとえば、私が担当する製品の場合、現時点ではまだあまりユーザーは多くありません。世の中に（つまりはネット上に）ある製品に関するユーザー情報も当然多くありません。このままでは、「情報が多くない」から「新規ユーザーも増えない」、「新規ユーザーも増えない」から「情報が多くない」という**負のスパイラル**となり、企業での弊社開発ツールの採用も「実績もないしユーザーベースもない」という理由で見送られる可能性が高くなります。ですので、まずはテクニカル ナレッジにおけるどんな逆境でも力業でやっつけて、それを共有する**猛者**、いろいろな引き出しをたくさん持つ**アイディアの人**、そういった人々をなんとかコミュニティーに引き寄せ、定着してもらうという努力をしています。

このフェーズでのKPIは、「コアメンバーがXX人」とか「コンテンツがQiitaにXXX個」とかです。「コミュニティーの成功」とか恐れ多くていえないし、「コミュニティーが自走していない」からといって落ち込んだり、低評価に甘んじる必要はないと思っています。

【結論】DevRel活動において、「コミュニティー」はあくまで手段であって、活動の目的や戦略に合致すればKPIにしても構いませんが、それがすべてではありません。

A.KPIは定量的なモノと定性的なモノがあります。後者に設定すると良いでしょう（Journeyman）

多くのマーケティングの世界では計測できるアウトカムをベースにKPIを設計します。ただ、DevRelの活動は数値に置き換えられない数多くの要素があるのも事実です。

定量的なKPIについては別の質問スレッドで触れているので、こちらでは定性的なKPIについて少し掘り下げます。

質問ではコミュニティーの成功や自走というキーワードが出ています。成功の定義をたとえば測定可能な参加延べ人数などにすれば測れますが、自走可能なポテンシャルをもつリーダーを北海道、東京、大阪、福岡で発掘するだとどうでしょう？

リーダーのポテンシャルも、自走の適宜も他者を軸にした状態を指しており、社内に共通の認知を獲得するコトが難しいのではないでしょうか？その点数字は万国共通で優れています。100件のリードで今70件なら70％の達成状態と誰でも認知できます。

どういう状態なのかを社内の共通認識として定義し、レポーティングも含めてステークホルダーマネジメントをするコトで十分KPIとして機能します。

かつ、その目標をどのように実現するのか、計画し実施し結果から学び、どう改善して行くのか、都度説明を尽くして行くコトで他者の関係性をベースにしたKPIも成り立ちます。

少し余談ですが、多数の地域でコミュニティーの自走化を達成されているサービスの経営者に話を聞いたところ、「当社のコミュニティーマネージャにKPIはない」とのコトでした。経営者自らがSNSを見てその熱量を体感するコトで十分に状況を把握できるから、とのコトでした。ご参考になりますでしょうか？

目標達成に向けた改善のサイクルをデザインして、DevRelの特徴である定性的な目標を組み込んでみましょう。

A. 自走や成功は目標であってKPIとして推し量るものではないでしょう（中津川 篤司）

コミュニティーの自走（サービス提供側が関わらずにユーザーコミュニティーがイベントを実施すること）は目標であって数値化できるKPIとは異なると考えます。逆にいえば、どのようなKPIを設定することで「自走した」と判断できるかが問題になります。コミュニティーの成功というのも定性的なものであって、外部から測定が難しいでしょう。こちらも何をもって「成功した」と判断するのか、その数値設定が肝です。イベントの回数、支部の数、参加数、参加率、アウトプット数などが数値として取れますが、これらを計測することで自走または成功の判断が可能でしょうか。

答えはノーです。これらはコミュニティーの健康状態を推し量るものであって、自走や成功とは関係がありません。まず自走するのを目標にするのは良いでしょう。サービスによっても異なりますが、毎月〜三ヶ月に一回程度イベントが開催されると良いでしょう。サービス提供側のコミュニティーマネージャが働きかけをしなくともイベントの話が進む状態が自走している状態といえるでしょう。少なくともその状態で三〜四回はイベントが行われる必要がありますので、自走しているかどうかの判断は半年から一年は経過観察する必要があります。

自走していると判断できた後、コミュニティーの質をKPIとして測定しましょう。とはいえ、ユーザーが自主的に行っているコミュニティーに対して企業側の論理に基づくKPIを持ち込むのは危険です。コミュニティーに冷や水を浴びせることに他なりません。コミュニティーマネージャの腕の見せ所ともいえますが、企業側の求めるKPIとコミュニティー側をいかにうまく繋げるかが肝になるでしょう。

Q41. ソーシャルメディアアカウントなどはプライベート用と仕事用に分けていますか

A. 基本的には分けません（山崎 亘）

仕事用には製品やサービスのオフィシャルのアカウントを使います。自分の名前で仕事用の別アカウントは持ちません。担当する製品・サービスに関する投稿が必要ならば、オフィシャルのアカウントで投稿します。担当者が興味のある内容であれば、プライベートのアカウントで投稿します。

友人でそれぞれ別のTwitterアカウントを持っている人がいます。プライベート用は飲んだくれた話とか、子どもの話とか。仕事用はそのとき所属する会社の業務カテゴリーにまつわる話とか。前者は普通に友達付き合いの延長のみ。後者は積極的にフォローしたりアナウンスしたりでフォロワーを増やしていました。前者フォロワー200人台に対し、後者は1万人台。どうなのでしょう？Twitterだからいいのでしょうか。すみません、ご相談の答えになってないかも知れませんね。よく考えたら私は仕事内容的なものはTwitterから当然鍵無しで、プライベートな内容はFacebookから友達限定で、と使い分けていました。これも分けているようにしているのでしょうか。範囲の広い狭いはあるとしても公開して投稿しているわけですから、読む人に不快感を与えないような工夫（仕事の宣伝ばかりにならないようにするとか）をしています。

プラットフォーム（TwitterとかFacebookとか）が異なれば使い分けもそれほど面倒ではない気がしますが、同じだと間違えて投稿してしまう可能性もあります。イベント当日にオフィシャルのアカウントから投稿しようとして間違って個人アカウントから思いっきりオフィシャルっぽく投稿してしまったことは結構あります。また、以前に思い付きで猫投稿だけしようと猫アカウントを作りました。ミートアップに参加したとき、間違えてそちらから投稿してしまったことも。ハッシュタグを付けてたので、すぐにリツイートや「いいね」を付けてもらい、消すのももったいなくなってしまいました。そのアカウントは猫投稿の間にいきなりDevRelミートアップの投稿が入っています。

理屈よりも事例でいろいろとお話ししましたが、結論は、間違えて投稿する可能性あるので止めた方がいいのでは？ということですね。

（冒頭に「基本的には」と書きましたが、ソーシャルメディアの各サービスをテストする目的で別アカウントは作ってます。あくまでもテスト用。でも本名だし写真も会社のディレクトリーサービスに掲示しているものと同じなので友達申請が結構来ていますが、全然つながってません。ごめんなさい。）

A.プライベート用にソーシャルメディアは使っていません（萩野 たいじ）

いきなり身も蓋もない回答かもしれませんが、私の場合はソーシャルメディア（Facebook、Twitter、LinkedIn、Blog）は基本的に仕事用にしか使っていません。仕事に絡むようなプライベートな内容は投稿しますが（イベントの懇親会や業界絡みの人たちとのアクティビティなど）、完全にプライベートな、たとえば家族や友人などの情報はソーシャルメディアには載せません。

エバンジェリストやアドボケイトというのは、ごく限られた世界の中でとはいえ、パブリックな人（公人）だと思っています。さまざまなメディアに露出し、自分の意見を発信しながら製品やサービスの啓蒙活動を行っていきます。そういう活動をやっていく中で、時折反対派の方と衝突する事も有り得ますね。そんな時、そういった余波が家族に及ぶのは私は避けるべきだと考えています。ですので、ソーシャルメディア上にプライベートな情報は発信することはほどんどありません。

勿論これは人により感覚の違うところです。ソーシャルに家族のお写真などを公開している人もたくさん居ますし、それを否定しようとも思っていません。私はもともとソーシャルメディアを使っておらず、このロールでDevRelをやるようになり、仕方なくソーシャルを使い始めたので、もしかしたら他の方と少し感覚は違うのかもしれませんね。

A.個人で分けるのではなく、きちんと公式アカウントを運用しましょう（Journeyman）

自分がマーケターとして業務していた時は、自分のアカウントと公式アカウントを持っていました。SNS全体で捉えれば、起点を公式アカウントとして各アカウントで繋がっているアカウントの関係性を踏まえてシェアするしないの判断をしていました。

エバンジェリストやデベロッパーアドボケイトではなく、コンテンツマーケター、ソーシャルメディアマーケターだったコトもありますが、可能なら個人発信ではなく自社の広報や法務などと相談してアカウントを分けるコトをオススメします。

よくあるパターンですが、分けていないケースでDevRelの活動に支障が出てしまうパターンをお

伝えします。

　まずは、退職です。在職中に個人アカウントのみで訴求していると、退職して前職のサービスの担当から離れ、新職のサービスを担当すると当然古いサービスの情報発信は行われなくなります。公式でなく個人だと情報の取得元が失われるコトになりかねません。

　もうひとつが炎上や疲弊です。炎上やソーシャル疲れをおこしてしまうと、個人のカウントの活性は限りなくゼロになります。個人のアカウントに依存していると、いずれの場合もチームで対処ができず継続的に運用するという観点からも厳しいといえるでしょう。

　公式アカウントは会社の顔であり、経営や広報や法務など都度運用者（いわゆる中の人）として説明責任を果たす必要があるなど難しい面もありますが、マーケティングの目的にフィットしリスクを抑えられる手段です。是非開設しましょう。

Q42.ハッカソンの賞品は何を用意すべきですか？

A.模範解答としてはテーマに沿ったものでしょうか（萩野 たいじ）

　最初から身も蓋もないことを言ってしまうと、なんでも良いんじゃないかなぁと思います（笑）ハッカソン主催者としての場合ですね。ハッカソンにはテーマを設けることが多いでしょうから、そのテーマに沿ったものはきれいにまとまると思います。ちなみに、私が以前自分で主催したハッカソンはテーマがIoTでしたので、電子ブロックのセットや、IoTに使えるパーツであるとか、IoT用の乾電池などを賞品で用意しました。

　もうひとつのケースとしては、エバンジェリストやアドボケイトの立場としてはどこかが主催しているハッカソンに協賛（技術協賛や金銭面での協賛）する場合でしょう。そういったケースでは、各社の賞を設けることが多いですね。たとえばMicrosoft賞、IBM賞、みたいな感じです。私の見てきた感覚では、企業賞はその企業のグッズ（ノベルティや非売品、またはその時点でのトレンド商品など）を提供するケースが多かったです。もちろん、その協賛したハッカソンのテーマに沿った自社ノベルティなどあれば完璧ですね。

　ハッカソンというのは、元々はいわゆるもくもく会な訳でして、自分の腕試し的なところが大きいですよね。賞はいわば副賞なので技術者として嬉しいのは自分の技術が認められ、作った作品が評価され、賞に選ばれることだと思います。そういう意味で、純粋な開発者にとってはハッカソンの賞というのはなんでも良いんじゃないかと思うわけです。豪華な賞品・賞金ありきのハッカソンが悪いとは言いませんが、開発者の気持ちを大切にしていきたいですね。

A.記憶に残る賞品を送りましょう（中津川 篤司）

　一番お勧めしないのがiPad、MacBook、Amazon商品券です。確かに、これらの賞品は実用性はあるでしょう。しかし思い出にはまったく残りません。iPadの箱に「ハッカソン優勝記念」などと書いておいたとしても、開封して箱を捨てた瞬間にただのiPadになります。そこには何の思い出もなく、あなたのハッカソンで優勝したことなどすっかり忘れてしまうでしょう。賞品として送るならば、記憶に残るオリジナリティ溢れるものをあげるべきです。Windows、Mac派もありますし、微妙なスペックのものをもらっても喜ばれません。

PayPal主催のBattleHackというハッカソンでは「バトル」にかけて、斧など武器を作って賞品にしています。もちろん模造品ですが、これをもらった人たちは飛行機に乗るのに苦労したそうです。そういった運搬や自宅やオフィスで飾る場所も考慮しなければなりません。やたらと大きいものは処分するのも大変でしょう。Tシャツやアパレル系は個人の趣味やサイズも多彩なため、あげたとしても着てもらえない可能性が高いです。そうした課題を踏まえた上で、ベストな賞品を考えなければなりません。

　ワンデーの小さなハッカソンであれば、ノベルティ詰め合わせはよくある賞品例です。オリジナルバッグにパーカーやTシャツ、ノート、ステッカーなどを詰めて賞品にします。クラウドベンダーであれば、自社クラウドの高額クーポンなどでも良いでしょう。そして国内であれば、オリジナリティノベルティの金額感を高めることで対応できます。世界レベルの場合、優勝チームは世界大会への出場権（旅費込み）が賞品になることが多いです。

Q43. ハンズオンイベントで注意することは何ですか？

A. 講師の方は時間配分に気をつけましょう（萩野 たいじ）

　これはハンズオンワークショップに限った話ではないのですが、ファシリテーター、司会者、講師、登壇者などは時間を意識することが大事です。正直、時間通りに進めることができないファシリテーターは、ファシリテーターではありません。参加者の気持ちになってみましょう。時間通りに事が進まない、結果時間が押してイベントは進み、元々予定していたコンテンツがすべてはできなくなってしまった、なんてことになったら、時間を割いて参加してくれた（イベントによってはお金を払って）方々に申し訳が立ちません。少なくとも私はそう考えています。

　ハンズオンワークショップの難しいところは、参加者の中についていけない人が居たり、間違えて実装してしまい期待値が得られない方が居たりした場合に、そのサポートに当たる必要がある、ということだと思います。たとえば30人規模のワークショップで、講師の他にテックサポートが2～3人居れば、彼らにサポートを任せつつ講師は予定した時間配分どおり進めていくことも可能かもしれません。しかしそれも、要サポートな参加者が想定内の場合ですね。それを超えたらサポーターも足りないわけです。極論ですが、参加者ひとりにサポーターひとりを、という話になってしまいます。そんな事は現実的ではありません。

　誤解を恐れずに言うなれば、講師に求められる能力は、場の空気を読みながら、ついていけない人を上手に切り捨てる事です。個々のサポートを考えるのでは無く、イベント全体として予定通り、時間通り回し切ることが必要な、大事なことなのです。そのためには、その場でサポートしきれなかった方への対応を予め用意しておくことが必要です。個々のサポートをしないことで全体の満足度が下がったらそれはそれでNGです。サポートしきれなかった方への後日問い合わせの方法などを明示的にし、ハンズオン資料はいつでも読み返せるように公開しておくなど、工夫をしてくださいね。

A. 想定参加者を明確にして、難しすぎず、優しすぎない内容を意識しましょう（長内 毅志）

　ハンズオンは事前準備、当日のファシリテーション、参加環境など、気を配るべき事柄がたくさ

んあるイベントのひとつです。

　注意点は色々ありますが、もっとも重要な事柄として、次の2点を挙げたいと思います。
・想定参加者を明確にする
・想定参加者にとって、難しすぎず、優しすぎない内容を意識する

　まず「想定参加者を明確にする」。ハンズオンは「ある技術やサービスの使い方、操作方法などを体験してもらい、体験を通じて技術・サービスについて、より深く理解してもらう」ことを目的としたイベントです。内容によっては、技術的に難しい概念を覚えている必要があったり、習熟度が必要とされる操作をしてもらうこともあります。

　想定参加者を明確にしないと、ハンズオンのカリキュラムに全くついていけず、せっかく参加しながら何も得るものがない、というケースも十分考えられます。また、参加者のレベルがバラバラだと、ファシリテーションが大変で、他の参加者に十分意識を回すことができず、全体的な満足度が低くなってしまいます。こうした事態を避けるためには、ハンズオンの内容をはっきりと明示し、「どんなことを学べるのか」「どのレベルの知識・経験が必要なカリキュラムなのか」を参加者に理解してもらうことが必要です。

　次に、「想定参加者にって、難しすぎず、優しすぎない内容を意識する」。ハンズオンのカリキュラムを作成する担当者、講師は、当然のことながらハンズオンの内容をよく理解していることと思います。主催者側の理解度を元にカリキュラムを作成すると、参加者との知識量のギャップが発生することがあります。自分たちが「これぐらい当然知っているだろう」という情報も、参加者にとっては初耳で、敷居の高いケースも十分考えられます。かといって、誰もが知っているような情報ばかりを盛り込むと、せっかくハンズオンに参加したのに、得るものが少ない内容となってしまいます。

　このさじ加減は非常に難しいのですが、うまくバランスを取ってカリキュラムを作成しましょう。個人的には、カリキュラムの分量を10とすれば「優しい・普通の内容が7割、少し手応えのある難し目の内容が3割」ぐらいが、ちょうど良いバランスのように感じます。

A. ありきたりで恐縮ですが、やはり「準備」ですね（山崎 亘）

　ひとことで言ったらこれはもう「準備」しかないですね。「何を準備するか」ですが、運営側から言うと、まずは「必ず何かが**終わる**ようにする」ことですね。「ここまではやりたい」と欲張ってしまうかも知れませんが、上手くいかなくて途中までで時間が終了してしまった場合には「続きは家で」となりますが、そこまでやる人は少ないと思っていた方がいいでしょう。となると、体験してもらうことで「意外と簡単だった」とか「親しみを持てた」などと良いイメージを持ってもらい今後の行動を促す、態度変容を促すという目的は達成されません。それではせっかくの労力が水の泡です。

　ですので、分量は「遅い人でもある程度は終わる位にしておく」のがいいでしょう。「遅い人」は、ハンズオンの募集要項で「XXができる方」などと定義した最低ラインの方の想定速度 x 0.9 位で定義しておくのがいいかと。もちろん、普通の速度以上の人は早めに終わってしまいます。そこで「簡単過ぎて物足りなかった」とアンケートに書かれないように、早く終わった人がエクストラでできる材料を用意しておくのも必須ですね。

　また、可能ならば、参加者が終了後に家に帰ってから（別に「その日のうちに」ではないです。念

のため)、ひとりで何か復習できるような環境を用意しておくのもいいでしょう。ハンズオン受講時には特別な環境やアカウントを渡して、そこでできても、その特別な環境がないと同様にできないのであれば、体験が定着し難くなってしまいます。

　冒頭で「目的」について触れましたが、ハンズオンで体験してもらって、参加者がどうなるのが目的なのかを明確にして、運営側で共有しておくのも大切です。

　運営側だけでなく、参加者側でも事前準備が円滑な進行には必要です。環境構築だけでハンズオン時間が終わってしまって、肝心の製品の体験まで行かなかったという苦い思い出もあります。ただし欲張り過ぎて事前準備の量が多過ぎると今度はやってくる人が少なくなる可能性が高いので、その辺のさじ加減は大事です。製品やサービスによって異なるので、何回かやっていくうちに微調整してみるのがいいでしょう。

Q44.ブログやソーシャルメディアで炎上を防ぐには?
A.自社ルールに縛り付けられず、開発者の視点を大事にしましょう(中津川 篤司)

　炎上する要因は幾つかに分類されます。
　1. 一般常識と異なる企業ルールから発信した場合
　2. 一部の批判的意見に反論した場合

　1についてはDevRelとしてはあるまじき行為です。DevRelはPublic Relations(PR)の開発者版です。PRは会社の良心として、社会からの評価を会社に伝える責務があります。PRが会社の常識に引きずられて、社会一般常識から逸脱してはいけません。DevRelとしては外部の開発者としての評価、視点を決して失ってはいけません。間違った発信をしてしまった場合、早急に誤りを認める必要があります。一方的に情報を削除するのもまた、間違っています。

　2については対応せずスルーするのがベストです。批判的な意見はついつい目に入ってしまいがちです。そして自分たちのサービスに思い入れがあればあるほど、反論したくなるものです。しかし、そんな声はごく一部のものでしかありません。深呼吸して、スルーしましょう。反論は余計な火種になり、しなくてもいい炎上に繋がりかねません。反論をポジティブに捉えるならば、気になっているからこそつい悪口をいってしまうのだな、くらいに捉えたり、相手が間違った認識をしてしまうような情報発信しかできていない部分を改善につなげましょう。

A.可能性を減らすよう普段から心がける(山崎 亘)

　交通事故と同じで「絶対に無くなる」ということは難しいとは思いますが、予防のために普段から少しでも配慮することが必要です。企業アカウントでも芸能人のアカウントでも不用意なツイート(発言)で炎上を招くことは多々あります。特に、自分の扱う製品やサービスに関係ない自分の意見を必要以上に出してツイート(あるいはブログに投稿)すると不用意なものになってしまう可能性が上がります。Twitterの流れるタイムラインで少しでも目立とうとするがあまりの投稿であれば、それは軽率すぎます。

　この様な軽率な投稿をしないことは理解できているとは思いますが、気をつけなければいけないのは、自分の扱う製品やサービスのネガティブな発言への反論です。

明らかにこちら側（あなたでなくても、あなたの会社として、です）に非がある場合、速やかに関係部署あるいは担当に確認・連絡し対処をし、お詫びします。ですが、そうではなく意見の相違である場合、たとえば、「サービス料金が高い」とか「使えない製品」などと書かれていたとします。担当者としては思うところがあるとは思いますが、それに反論して相手の意見を変えようとするのは危険です。元の投稿がTwitterだったとして、それに対する反論を140文字でやるのは難しいですし、あまり意味がありません。直接、面と向かって意見を言われているならば、一旦相手の意見を受け入れた上で（これは大事です）、データなどの客観的な情報を元に「丁寧に」反論する必要もあるかも知れません。ですが、＠でのメンションもないのにわざわざネガティブな相手の気持ちをたしなめるかの様な形になる反論をすべきではありません。たいてい、そういう場合には相手も反論してきて、お互い感情的になってしまうリスクがあります。

　あと、万が一、意図せずともそういう投稿をしてしまった際には、素早い対応が必要です。炎上は「炎」が燃え「上」がるわけですから、延焼する前に消火作業が必要です。ソーシャル リスニングのツール（サービス）を導入していれば、自分の担当するアカウントについて、自社製品について投稿されているのを随時チェックできますが、そういったツールは有償であることが多いため導入していないかも知れません。その場合には、一日に一度くらいは検索してみるのも手です。そして、あらかじめ火が付いてしまった際の対応を会社で決めておきましょう。避難経路の確認と、避難訓練は大切です。

　当たり前のことですが、最後にひとこと。ブログやソーシャルメディアで、あなたは会社の「顔」として投稿しています。会社の周りの人に、「これ投稿したよ」と言ってもおかしくないような投稿になるようご注意を。

Q45.ファンとの距離感について

A.個人的な友人は別として、適切な距離感は大事です（長内 毅志）

　DevRel担当者は人と交流することが多い職種です。交流の輪も広がり、個人的な友人もできることがあるでしょう。それはそれとして、交流においては適切な距離感を保った方が良いでしょう。

　DevRelの活動を行っていると、たくさんの人達と交流します。中には何年にも渡って交流を続ける仲間もできるでしょう。信頼できる仲間であれば、仕事の枠を超えて交流することもあるでしょうし、そのような友情は大事にするべきでしょう。その一方で、DevRelにおけるユーザーとの関係は、ビジネスパートナーのような金銭的なメリットを媒介とする関係とは異なります。その関係には金銭的な関係もなければ、上下関係もありません。あくまで「人と人」の関係そのものです。そのような関係を健全に、長く保つためには、互いのプライベートに過剰に入り込まず、適度な距離を保った方が良い場合が多いでしょう。

　自分の周りではあまり聞きませんが、製品・サービスのコミュニティー参加者が、DevRel担当者に対して過剰なサービスを要求することがあると聞きます。逆に、DevRel担当者が、コミュニティー参加者に対して、部下に対するような指示を出したり、スポンサーのようなふるまいで参加者に対するサービスを要求することもないとは言い切れません。DevRel担当者、コミュニティー参加者は、互いに対してそのような振る舞いを行うべきではありません。互いに敬意を払い、互いの

存在を尊重しなければいけません。DevRel担当者とコミュニティー参加者は、あくまで対等で、フラットな関係であるべきです。

そのような関係を保つためには、適度な距離感を保った方が良いでしょう。もしどちらかが互いのプライバシーを侵害したり、不当な要求を行うようであれば、互いに指摘し、悪い部分を正しあうべきでしょう。DevRel担当者とコミュニティー参加者は、決してどちらかが芸能人でどちらかがファンであると言ったものではありません。また、どちらかが上でどちらかが下というものでもありません。互いに敬意を払い、適切な距離感を保つべきでしょう。

A. サービスの成長や改善をゴールにともに歩む関係性を（Journeyman）

コミュニティーのオーガナイザーのほかにも、プライベートでPRの担当をしています。その中で自分が設定しているルールを踏まえて回答します。

ユーザー、お客様に向き合って双方にとってメリットになる関係性をベースにするというモノです。この価値基準をブラさずに考えると、多くのコトは判断に迷わないのではないかと思います。

たとえば、金銭によるインセンティブは行わない。いわゆる接待にあたる飲食の提供を前提にしないなど。べからず集だけを先に作るのも良いかもしれません。金の切れ間が縁の切れ目といいます。

キャッシュアウトを前提にすると継続するにも大きな予算が必要になります。かつ、コミュニティーにコントリビュートすることが何でも対価を伴うものになってしまうと、手段が目的化しかねません。気を付けましょう。

では、双方にメリットとなる、とは具体的にどういうことでしょうか？これはコミュニティーへのコントリビュートを通して、サービスが成長しよくなっていくことではないでしょうか？ユーザー同士の交流を通して、ベンダー側でフォローし切れていない課題解決が促される、サービスへの改善要望の具体的な中身を体感として理解できる、ユーザーはそれが伝わったことを実感できる、など枚挙にいとまがありません。

一方が与え続ける、他方から見れば搾取し続けるのではなく、対等な関係性を念頭に対話が成り立つ距離感を意識する、サービスのナレッジ共有を通してともに学び、改善するを共通言語にする。価値ある対話の土壌づくりを進めましょう。

A. 適切な距離感を保つことは必須です（萩野 たいじ）

ここでの「ファン」とは会社や製品に対してのみならず、エバンジェリストやアドボケイト個人に対しても範囲と考えお答えさせていただきます。

エバンジェリストやアドボケイトという仕事をしていると、これはもうその製品や会社、ブランドのファンを作ることが仕事なわけですから、ファンがどんどん増えるのは嬉しいですし、そんなファンの方々と接する機会も増えるわけです。そんな中、勘違いしてはいけないのは彼らは純粋に技術面や製品、サービスのファンであってあなたのファンではないということです。特に異性のファンに対して、過度に近い距離間で接してしまうと誤解を与えてしまったり、時によってはセクハラやモラハラに捉えられてしまうことも可能性としてあることを覚えておかなくてはなりません。

ここでもうひとつの側面で、話をややこしくさせているのが、そういった中にエバンジェリスト

やアドボケイト個人に対してのファンがつくことがある、ということです。そして、その個人に対してのファンというのも2パターン存在していて、ひとつはそのエバンジェリストがたとえばある技術の敬虔なコントリビューターとかで尊敬の念でファンになるケースです。そしてもうひとつはその個人のキャラクターや容姿に対してのファンが付くケースです。後者はやっかいです。自分がテクニカルエバンジェリストなのか、何なのか分からなくなってきます。

　もちろん、職場結婚などがあるように、エバンジェリストとそのファンが恋愛関係となることが必ずしも悪いとはいえません。しかし、事情を知らないその他大勢の人たちから見ると、誤解を生みやすいのは確かでしょう。そのような誤解を持たれてしまうと、本来のエバンジェリストやアドボケイトとしての活動が非常にやりにくくなると思います。我々は公人に極めて近い位置にいるのだということを念頭に置いて、ファンの方との距離を測ることを強くお勧めします。

　自社サービス、製品、自分自身に関わらず、ファンが増えることは我々にとって非常に嬉しいことです。そのファンの方々へ技術者として真摯に向き合うことを忘れずにDevRelを推進してくださいね。

Q46. ユーザーコミュニティーを始めたいのですが、業務向けサービスなので、ファン層が見つかりません

A. コアユーザーに会いに行き共に歩むファンに。（Journeyman）

　業務向けサービスで成功されている事例は、とても沢山あります。会計、人事、労務などいわゆるスタッフ部門の方が軸になるサービスでも機能しています。

　本書はDevRelに関する相談をまとめていますが、業務向けサービスを利用される現場の業務ユーザーさんについても、同様のコトが語れると思います。

　ここにはふたつの壁があります。ひとつはリーチしない壁、もうひとつはマインドの壁です。

　まずリーチしない壁ですが、これはいわゆるエンジニアではないため、外のミートアップや勉強会に参加しやすくなるオープンな繋がりが少ないという事象があります。ただし、実際に話を聞いてみると業務時間に参加するようなセミナーや互助会のような場には比較的参加されているという事実があります。自社の業務向けサービスには当然ユーザーがいます。ただ、情報を届ける先や繋がる場は、エンジニアとは違うというコトです。しっかりと場を定めるとファンを見つけるコトは可能です。

　ふたつ目はマインドの壁です。業務とは何か？業務とは主たるビジネスを回すためのノウハウでありビジネスのコアです。エンジニアリングは手段でありツールで、開示するコトに対する障壁がかなり違うといえます。

　オープンにシェアするコトが難しく、クローズドな勉強会への参加も社内承認を経る必要があることは少なくありません。そして、ユーザーは業務のプロフェッショナルであり、そのことを理解しています。つまり、場を自由に選びにくいというマインドが足枷になるためです。ただ、日々本業にコミットする中でその専門職能を活かして、場に貢献したい方は必ずいます。たとえば、サービスの改善要望をよくくれる方、あまり使われない便利機能を駆使して生産性を高く業務遂行されている方など、自社で取れるデータである程度特定できます。

コアなユーザーに直接会いに行き、ユーザーコミュニティーの趣旨を伝え、一緒に進める仲間を探してみては如何でしょうか？

A. コミュニティーの形態はたくさんあります。自分たちにあったものを考えましょう（中津川 篤司）

　ファンがいるのはコミュニティー立ち上げにおいて重要な要件ですが、絶対条件ではありません。自走を目標に掲げる、コミュニティーマーケティングを行うならばファンの存在は欠かせません。しかし、それは商材や顧客層によっては難しいこともあるでしょう。コミュニティーマーケティングではコミュニティーを通じて新規獲得を目指しますが、コミュニティーは既存顧客向けのチャーンレートを下げるために行う場合もあります。その際にはファンの存在は必ずしも必須ではありません。

　他社の成功例を見るだけでなく、自社の目的に合わせたコミュニティーの形を考えましょう。オフラインにこだわらず、オンラインでも良いでしょう。既存顧客だけをターゲットにするのか、新規参加者を期待するのかによっても形式が異なります。顧客がソーシャルアカウント、ブログなどを書いているような層ではない場合、オンラインでの拡散はあまり期待できません。さらにイベントを行うのに価値を感じない人たちもいるでしょう。そういった中で無理矢理ファン（コミュニティーのコアメンバー候補）を探すのも無理があります。

　まとめると、ファンがいなくともコミュニティーを作ることはできます。しかしサービスや企業としてのコミュニティーに期待するもの、達成すべき目標が適切であった場合に限ります。コミュニティーマーケティングをやりたいならば、ファンがいない段階では止めておくべきです。なお、商材がBtoBだからファンがいないというのは認識が間違っています。Salesforce、Oracle、IBMなど企業向けにサービスを提供しながら開発者を魅了しているサービスはたくさん存在します。魅了できていないのは製品の魅力不足であって、顧客層の問題ではないと考えるべきです。

A. ビジネスパートナーの中や、サービスについて情報発信している人を見つけてみるのはどうでしょう（長内 毅志）

　IT系の勉強会やユーザーグループは、「技術」そのものや「デファクトスタンダード」に紐づくケースが多く見受けられます。その一方で、業務系サービスや製品をキーとした勉強会やユーザーグループは、絶対数が少なく、コミュニティーの立ち上げやサポートそのものが難しいことでしょう。そのような場合、次のような方法で進めてみるのはどうでしょうか。

・ビジネスパートナーの中から、ビジネスというスタンスを超えてサービスを好きでいてくれる、熱心なファンを見つける
・ブログやSNSなどで、サービスに関する情報発信をしている人を見つける
・いきなり「コミュニティー」という形ではなく、お茶会やオフ会など、小規模なレベルで活動を始める
・徐々に仲間の輪を広げ、「コミュニティー」の形を作っていく

　業務系サービスの場合、直販である場合を除いて、そのサービスを代理販売したりサポート業務でビジネスをする、いわゆるビジネスパートナーのような立場の会社・組織が存在するのではない

でしょうか。多くの場合、代理店やサポートプロバイダは仕事としてサービスを扱っているため、あなたのサービスに対する立ち位置はビジネスライクな事が多いでしょう。しかしながら、よく探してみると、ビジネス商材という枠を超えて、あなたのサービスを気に入ってくれている人もいるかも知れません。そのような方は、コミュニティーメンバーの予備軍です。営業部門担当者と連携して、そんな人達がビジネスパートナーの中にいないかどうか、探してみましょう。

　ネット上に、あなたのサービスについて情報発信してくれている人も、コミュニティーメンバーとして一緒に活動してくれる可能性があります。ブログを書いたりSNSで紹介するという行為は、それなりに手間がかかる行動であり、サービスに対する愛情や思いがないとなかなかできないものです。自ら情報発信してくれる人を探して、積極的に連絡をとってみましょう。

　もし理解を得られそうな仲間が見つかったら、一度オフ会やミートアップを開いてみましょう。必ずしも「コミュニティー」という形にこだわる必要はありません。最初に「コミュニティー」という組織の形や器を用意しても、形式ばったものに抵抗を感じる人もいるはずです。まずは「サービス事業者」と「代理店」「ユーザー」という立場を超えて「仲間」として一緒に活動できそうかどうか、互いを知り合うことから始めましょう。そうして、お互いに情報交換を続けていけそうだと感じたら、少しずつ仲間の輪を広げて、コミュニティーの形を作っていってみましょう。

Q47. ユーザーの熱量の適切な測り方は？

A. 発信する量ですね（山崎 亘）

　「ユーザーの熱量」はぜひKPIとして持っておきたいですね。DevRelも『ファンベース マーケティング』です、やはり。これを数値として測りましょう。そして一番鍵となるのは、やはりユーザーが発信する量です。イベントへの参加人数でも計れます。製品の初期段階、コミュニティーの初期段階では、そのくらいの方がいいかも知れません。ですが、もう少し進んできたら「なんか評判だったから来た」とか「イベントで扱うテーマが気になるので来た」とかで参加する人も居ますから、それだけで製品に対するユーザーの熱量とはいえないでしょう。イベントに積極的に、能動的に参加しているかどうかは、やはりソーシャルメディアへの投稿や、ブログへの記事の投稿数で計れます。あとはイベント関連だと、LT（Lightning Talk）への応募数、あるユーザー単体で見ると応募の頻度などが計測できる指標でしょう。ですが、これらはイベント ドリブンです。「イベント」という「きっかけ」があったからこそユーザーの興味が喚起されたわけです。

　もっとも高い熱量はイベントやコンテストなど何もないときに発信される量で計れます。やってみてできたことや新たな発見など、ユーザーが世に出したいという「熱量」があるからこそ発信されるコンテンツの数を計りましょう。たとえば、イベント時に発信されるコンテンツを、「ソーシャルメディアの単発投稿」と「ブログなどのある程度長文コンテンツ」を重み付け（係数）を分けてカウントする。イベント開催時前後でない場合に投稿されるコンテンツをさらに高い重み付け（係数）でカウントすれば立派なKPIとしてスコアリングできますね。「今期の目標はスコア10,000なので、あと1週間で10本ブログを書いてもらわなきゃ！ということは15人に声がけしよう！」とか計画を持って活動できるわけです。

　ちなみにイベント時に声がけして強制的にでも発信する量を増やすと、触れている量が増えるの

で、ユーザーも熱量があると錯覚する「かも」知れませんね。少なくとも製品への馴染みは増えるでしょう。割と定番な施策ですが、もしやっていないのであればぜひお試しあれ。

A.最前線で体感するコトを前提に、ファクトベースの数字積み上げで継続的に測定しましょう（Journeyman）

さまざまなKPIを横断的に捕捉するコトも大事ですが、現場の熱気そのもの、その肌感覚は大事にしたいと感じています。

イベントがある場合はなるべく現地で体感する、デジタルであればツイートを追う、繰り返し注視するコトで観察眼が養われます。

ただ、熱量を測った先にある、測った熱量を伝えるにはこのような経験則では難しいのも事実です。特に、自社のマネジメントや経営層など現場で体感したコトがない層にリーチするのは難しいでしょう。

そうしたケースで機能すると感じる手法のひとつに年次のカンファレンスでの連携があります。ベンダー主催のカンファレンスは社長はじめ多くのマネジメントも注目しています。ユーザーグループなどのDevRel施策で繋がったメンバーを明示的に紹介したりブース出店してもらうなど露出を増やし熱量を直接体感してもらう手法です。

認知を勝ち取れている状態であれば、定期的な報告はイベントの参加者延べ人数、ツイート数、コンテンツの累計ビュー数など、積み上げをベースに数字のファクトでレポートすると伝わりやすいでしょう。

そこに、DevRel施策からのユーザー事例獲得、新たなユーザーグループ支部誕生や有志書籍の刊行など継続的な熱量の高いニュースをまじえるとより良いかと思います。

現地で自分自身が体感するコトを前提に、ファクトベースの数字積み上げで継続的に測定しましょう。コンテキストがマッチしているか？ユーザーの満足度は高いか？そんな目線で常に関わり続ければ自ずと改善の方向性を掴んで行けると思います。

A.熱量とは満足度、興奮をみます。それらはアウトプットやリピート率に表されるでしょう（中津川 篤司）

熱量とはいわば興奮、気分が高揚した状態を推し量るものです。感動的なものに出くわした時、人はそれを誰かに教えたいと思うものです。そのひとつがソーシャルメディアになります。従ってコミュニティーイベントの善し悪しはソーシャルメディアへのアウトプットとして表れます。しかしこれも罠があり、参加人数が増えれば増えるほど、絶対数としてのアウトプット数は増えます。さらにごく数人の人だけが多数アウトプットするのも問題です。参加人数、アウトプット数、アウトプットした人数のバランスが大事です。

次にイベントが終わった後のブログコンテンツにも表れます。これもツイートと同じですが、イベント後に頭の中に何となくある学びを再構築するものです。それを誰かに見せたいという思いがブログという表現につながります。さらに、楽しかったイベントはもう一度参加したいと思うものです。つまりリピート率が大事になります。リピート率が低いイベントは満足度が低かったといえるでしょう。何度も繰り返し来てくれる人がいるコミュニティーは成長が確実になります。もちろ

ん人には都合がありますので毎回参加を願うのは難しいでしょう。しかし、ロイヤリティが高いコミュニティーほどリピート率が高くなります。

　コミュニティーは規模よりも熱量の方が大事です。人数だけ多いコミュニティーは、実はリピート率が低い可能性もあります。また、一回の参加者が多いイベントはコミュニケーションが希薄になり、コミュニティーとして大事な相互の繋がりが生まれづらくなります。この辺りの数字を追いかけることで、コミュニティーの熱量が分かるでしょう。

Q48. ライブコーディングで失敗しないためには何に注意すべきですか

A. うまくいかない時の代替案を用意しておくことが結果として成功につながります（中津川 篤司）

　こう書いてしまうと何ですが、ライブコーディングは大抵失敗するものではないでしょうか。問題は失敗を前提とした上で、リカバーできる方法（プランB）を用意しておくことでしょう。たとえば動画で撮影しておくのも手です。その動画もYouTubeなどのオンラインではなく、ローカル動画にしておくことでインターネットが使えない状態でも再生できます。スライドにしてもPowerPointやKeynoteだけでなく、PDF版を用意しておいたり、スマートフォンでも再生できるように準備しておきます。そうした代替手段の存在が安心感を生み、結果としてライブコーディングを成功させます。

　環境については十分な確認が必要です。インターネット回線はもちろんのこと、電源の有無も確認しなければなりません。別なデバイスを使う場合には、その映像が流せるかどうかも確認すべきでしょう。スライドはプレゼンテーションメモを流したいのでプロジェクターを別モニターとして設定しますが、ライブコーディング中はミラーリングの方が手元とプロジェクターの映像を一致できるのでライブコーディングがしやすくなります。そのため、映像をショートカットキーで切り替えられるソフトウェアを用意していると便利です。ネットワーク回線も発表会場のものは普段オフィスや自宅で使っているものと勝手が違うことが多いので注意が必要です。

　などなど注意すべき点はたくさんありますが、何より大事なのはプランB、プランCです。慌ててしまうのが最大の失敗要因でしょう。いざという時に落ち着いて対応できるかどうかは代替案の存在になります。ライブコーディングをするのであれば、すべてがうまくいかない状態になることを前提に進め方を考えましょう。

A. 失敗しても良い準備をしましょう（萩野 たいじ）

　はい、質問の意図とずれていることは承知しています。しかし、何度もカンファレンスなどでライブコーディングをしてきて、どんな念入りに準備練習した内容でも、失敗する時は失敗します（笑）これは仕方ないですね、だからこそライブなわけでして。

　そもそもライブコーディングの失敗ってどんなケースでしょうか？コンパイルやビルドに失敗する？動かしたアプリが正しい動作をしない？呼び出したAPIが返ってこない？Webアプリで500番台エラーや400番台エラーが返される？まあ、他にも色々ありますよね。でも、準備段階では動いていたはずですよね。それなのに本番でコケるということは、自分自身に原因がない場合がほとんどだと思います。もし、自分自身に問題があるのだとしたら、それはライブコーディングでやろう

としている手順や仕組みを覚えていない、理解していない、ということなのでマスターするだけのことです。譜面を覚えていない曲をライブで完璧に演奏することはできません。何度も練習して覚えて、それでやっと人前でライブコンサートできるわけです。同じですね。

では、自分以外に原因がある場合に関してどうすればよいか？これはどうしようもありません。特にクラウド関係はクラウド側で障害が発生していたりしたら回避しようがないです。せいぜいリージョンを変えてみるくらいですかね。なので、ライブコーディングする内容は必ずビデオに録画しておきましょう。うまくいかない場合は録画映像に合わせ解説をするのです。観客の皆様にとっては、本当にリアルタイムか録画かはさほど重要ではありません。内容が大事なのですから。

想定外の状況をライブで楽しめる、そんな心の余裕を持つことが一番の対策ではないでしょうか。

Q49.出張や夜のイベントが多く、家庭との両立が難しいです。どうすればいいでしょう？

A.ある程度は諦めざるを得ないかと思います（萩野 たいじ）

カンファレンスやセミナー、勉強会、Meetup、ハッカソンなど、開発者イベントというのは平日仕事の後の夜の時間帯や、仕事が休みである土日に開催されることが多いです。それは、これらのイベントへ参加する方々が仕事中ではなく、自己研鑽としてプライベートの時間を使ってスキルアップをしたいと思っているから、なのかと思います。仕事を休んだり抜けては参加できないから、仕事の都合を付けやすい時間帯に参加する、主催者もそれを考慮してイベントを計画する、言った感じでしょう。

また、地方都市での開催も少なくなく、そういったイベントこそ、都心からのアドボケイトやエバンジェリストの参加が求められる事も多いです。

我々、デベロッパーアドボケイトは、こういったイベントへ積極的に貢献し、開発者とのコミュニケーションを確立させていきます。つまり Developer Relations（DevRel）ですね。

DevRelを行う仕事を選ぶ時点で、これらのワークスタイルはある程度覚悟する必要があります。朝出勤して、夕方帰宅する、というライフスタイルは捨てなくてはなりません。

家庭を捨てろと言っているわけではありません。ご家族の理解を得た上でこういった仕事へ付いて頂くべきという事です。DevRelはとても素敵な仕事だと思います。夜や週末に働いた時間、出張に費やした時間は必ず代休という形で自分の時間にしましょう。その上で是非ご家族にご理解いただき、自分の空いている時間は精一杯家庭に還元し、スムーズにこの仕事ができるようになることを願っております。

A.会話の時間を作り、業務への理解と家事分担を行うのはどうでしょう（長内 毅志）

家庭の事情は家庭ごとに異なり、10の家族があれば10の関係性があるものだと思います。このため、一般論で語りづらい問題です。ひとつの参考例として、筆者自身が、どのように家族と調整を行っているかをご紹介します。

我が家は夫婦揃ってフルタイムで働いています。それぞれの実家は青森と山口にあり、近くに近親者がいません。このため、家事や家庭の問題はすべて夫婦が中心になって対応する必要がありま

す。子供はふたりおり、小学校と中学校に通っています。まだ自立していないので、平日の夜は、夫婦のどちらかが自宅にいる必要があります。週末は、平日にできなかった家事全般を片付ける必要があります。

共働きの問題は、お互いの時間の工面・調整、そして家庭内のタスクをどのように分担してこなしていくか、になります。我が家では、次のような対応を行っています。

- 朝ごはんはできるだけ一緒に食べ、会話の時間を作る
- 平日の夜は当番制にして、どちらかが外出するときは、どちらかが家にいるようにする
- 平日夜遅くなる日は、お互い週2-3日を限度にローテーションする
- 週末は家事を一緒に片付けながら、互いの情報交換をする
- 日曜日に、一週間のスケジュールの確認と、互いにやっておいた方が良いと思うこと・気になることを伝え合う

お互いにフルタイムで働いていると、どうしても会話の時間が減ってしまい、すれ違いがちになります。このため、できるだけ一緒に朝食を食べ、話す時間を作るようにしています。妻がご飯を作っているときに、夫である自分は隣でお皿を洗ったり、台所の片付けをして、「やらなければいけない家事を同じ場所でやりながら、ちょっとした会話をする」ようにしています。夫婦それぞれ、ひとりになる時間、周囲とのお付き合いの時間、自己啓発の時間が必要になるため、週に2-3度は遅くなって良い日を作り、片方が遅くなる日はもう片方が家にいて、子供の面倒を見るようにしています。どちらか片方が一方的に遅い日が続く場合、次の週で埋め合わせをするなど、できるだけバランスをとるようにしています。

このサイクルを続けることで、夫婦それぞれ仕事・家庭・プライベートの時間は、概ねバランスが取れているように感じます。意識しているのは、できるだけ会話の時間を作り、互いの状況が見えるようにすること、互いの時間を大事にし合うことではないかと考えています。

A.回答者として失格ですが、是非教えてくださいw（Journeyman）

質問者さん同様、この解決は常に試行錯誤してましてアドバイスできるような立場ではないのですが、ひとまず現状どうしているか？をお伝えします。

ルールはシンプルです。

- 平日夜間のみOK、朝は必ず自宅に
- 週末はNG

こちらをベースにしています。

ただ、そうすると週末開催が多い有志カンファレンス（公式参加・個人参加問わず）にはすべて関われなくなるので次のような運用にしています。

- 前広での調整する
- 関わる頻度のコントロール、たとえば月1回未満
- 用事がある時は潔く断念する、カンファレンスは誰かが代打できる

代わりがいないコトは何か？を見定めて、優先度を付けて決めて行きましょう。良いアイデアがあれば教えてください。

Q50.勉強会でアンケート回収は許されますか？

A.是非アンケートを取り入れましょう。ただしデジタルで（Journeyman）

　運営者を長くもしくは複数やっているとさまざまな形でフィードバックをもらいます。その中でアンケートも大事なひとつです。

　ただし、よく想像するアンケート用紙への手書き記入は少し待った方が良いと感じます。それはポータビリティはあっても紙は紙です。分析するにはデジタルに落とし込まないといけません。勉強会ではペンを持っていない人も少なくありません。気軽に回答するにはもはや気持ちの面で障壁があるのが紙のアンケートです。

　一方でGoogleフォームなどのデジタルのアンケートは集計もシームレスで、物理的な回収が必要なくデータなので可搬性も優れています。今ではさまざまなフリーのクラウドサービスでフィードバックを得る方法があります。自分たちにあったサービスを見つけて利用しましょう。

　勉強会運営者にとってフィードバックは大事です。次回以降の開催に向けた改善やアイデアの礎になります。本書を手にとっていただいた皆さん、ご参加の際は是非アンケート回答にご協力いただけると嬉しいです。加えてお願いですが、本書に対する率直なレビューもお待ちしています。。

A.許されなくてもやりましょう！（山崎 亘）

　ただし、あなたが企業のDevRel担当者の場合ですが。有志で運営するコミュニティーの運営担当だったら、それほど無理してやる必要はないかなとも思います。何かゴールを決めて、その成果が各回で出ているかどうか、アンケートで聴かなくても場の雰囲気やお願いしたツイートの内容で判断できることが多いからです。アンケート時間を入れることで興ざめになってしまうようだったら、何か本末転倒の様な気がします。

　あなたが企業のDevRel担当者の場合には、何かゴールを設定して、その手段として勉強会をやっているはずです。ですので、各回のデータを取得して、その経緯を見る、データを元に次回の改善をする、というのはとても大切なことです。ぜひやりましょう！それまで盛り上がったのが少しクールダウンしてしまうかも知れませんが、「みなさんが次回以降、気持ちよく参加していただけるようにです！」と宣言して、その時間に回答しないで帰ってしまう人も居ないように工夫して、「ぜひ、ぜひ、ぜひ！」と拝み倒しましょう。勉強会の間にツイートしてもらうのと同じくらい大切なことだと私は思っています。

　ですので、そこまである意味強制して回答してもらうので、こちらもできる限り工夫して回答してくれる方々の手間が省けるようにしましょう。たとえば、

1．当然、オンラインでの回答（紙に字を書くのが面倒なはず）
2．URLはQRコードにしておく
3．ほとんど選択式にしておく

とかですね。

　あとは、関係者にすぐに共有するのも大事です。私の場合には、Google Formを使っていて、あらかじめ関係者に共有しておきます。自動的に集計してグラフまで作ってくれているので、私が連絡しなくても事前共有したURLで結果を見てくれます。次の日でもスプレッドシートにして少し分

析して改めて共有します。ということで、ぜひ、アンケートは実施しましょう。で、その結果を基に改善してみてください。

Q51.勉強会で名刺をもらってリードにしても良いでしょうか

A.参加者にとって勉強会の目的は製品やサービスを学ぶことです。その中できちんと断りましょう。（Journeyman）

　勉強会にはふたつあります。ベンダー主催の勉強会と有志主催の勉強会です。ベンダー主催の勉強会での扱いについて回答しますが、有志主催の勉強会に学ぶところがあるので、ご紹介します。

　勉強会の募集ページを隅々までご覧になったことがある、もしくはページの作成をしている運営者である、という方はご存知かと思いますが、会の趣旨が勉強会でありともに学ぶ場であること、営業行為に関する断りが書いていないでしょうか？ケースによってはしっかりしたハラスメントポリシー（迷惑行為に対する対処方針）を明示しているケースもあります。

　多くの参加者の皆さんは業務時間外にも関わらず自分の時間を使って学びに来ています。メディアやイベント会社が運営する展示会に参加してる訳ではありません。

　そうした文脈を踏まえると今後のアップデートを手放しで送り付けリードナーチャリングすることが当たり前"ではない"といえるのではないでしょうか？ベンダー主催の場合でも、今後製品情報を送付して良いかの選択肢があるケースが増えています。

　それは、もともとの勉強会の目的に沿った考え方だと思います。エンジニアは送り付けられなくても、自分で検索し探索し試しアウトプットします。勉強会もSNSもタッチポイントのひとつです。

　ユーザーとの関係性を踏まえてリード化することの許可をきちんととり公明正大につながりましょう。

A.これはお勧めしません（山崎 亘）

　「製品勉強会」という名のビジネス・セミナーならまだしも、我々DevRel担当者が扱う勉強会の場合、それは避けた方がいいでしょう。逆の立場で考えてみると、これはまったくいい気がしません。今どき技術勉強会に来ただけでQualifyせずにリードにすることはないと思いますが、いきなりあまり詳しくない製品やサービスのメール マガジンが送られてきたら、私はもうその製品からは距離を置きたくなります。たまに、名刺交換しただけでメール マガジンや、セミナーの案内が来ることがあります。確かに頂いた名刺にはその旨が書いてあったりしますが、頂いたときにそこまで見ないし、仮に見つけたとしてもそれを理由に受け取るのを断れません。「あれはちょっと……」というのが私の周りの共通の意見です。

　もちろん、相手側が今後詳しい情報が欲しいと希望する場合が別ですが、勉強会でもらった名刺をそのままリードにしてナーチャリングしても先ほどの私の例のように離脱する確率が高くなります。仮に何もせずに営業に渡してしまったとしたら、営業担当者も困ってしまうでしょう。マーケティングは精査したリードをMarketing Qualified Lead（MQL）として次のプロセスに渡すはずが、「使えない」リストをそのまま渡すのを何度か繰り返すと、社内での立場も悪くなるでしょう。以前、インサイド セールスの担当が、「マジでMGLだけは勘弁」とよく言っていました。MGLと

は、Marketing GOMI（ゴミ）Leadらしいです。みなさんきっと忙しいのに、はっきり言って時間の無駄だし評判は悪くなるし……、まったく割に合いませんね。

少し脱線してしまいました。正確に言うと、開催した勉強会の性格にもよりますが、これはDevRel担当のみなさんの相談室ですので、技術勉強会では避けた方がいいというのが結論です。

A.コミュニティー主催の勉強会では絶対に避けるべきです。ビジネス目的の勉強会はケースバイケースです。（長内 毅志）

ITの世界では勉強会が非常に活発で、毎日のようにどこかで何らかの勉強会が開催されています。勉強会の性質は主催者によって変わりますが、多くは運営スタッフや参加者がボランタリーベースで行っているものです。そのような勉強会で名刺収集をして、自社の営業リードに使うのは、重大なマナー違反です。

ボランタリーな勉強会は、参加者のみなさんが、所属する組織や企業を超えて、その場に集まる仲間のために労力を払っているものです。このようなコミュニティー主催の勉強会で何より大事なのは、相互への経緯と、立場を超えた交流、知識のシェアです。勉強会の目的は、互いの情報や知識をシェアしあい、より生産的な作業できるように相互に支え合うためのものです。そのような場で、自分が属する組織のために名刺情報を集めるのは、もってのほかといえるでしょう。多くの勉強会は、告知ページで「営業目的の参加を禁止する」と告知を行っています。もし参加ルールを破り、乱暴な振る舞いをした場合、勉強会に出入り禁止になるばかりか、あなた自身の情報が横連携するコミュニティーにシェアされ、業界内で要注意人物とみなされることもあります。

このため、リード収集のために勉強会に参加することは、絶対に避けるべきです。

一方で、営利企業がビジネス目的で開催している勉強会の場合、名刺交換が許される場合があります。ビジネス勉強会の場合、名刺交換は重要な人脈交流の場として機能しています。ビジネスパートナーを探している参加者も多いと思われるので、主催者の許可があれば、ビジネスのために名刺交換はむしろ積極的に行うべきでしょう。ただし、これも勉強会運営スタッフの方針次第なので、参加する前に勉強会のルール・マナーをよく確認することをおすすめします。

Q52.度を超したマサカリにはどう対応するのが良いでしょうか

A.度を超しているのであれば相手にしないことです（萩野 たいじ）

ここの回答は難しいです。マサカリを投げる側の人が見たら「なんだこのやろー」となるかもしれません。まあしかし、考えなくてはならない問題だし、人によって見解も異なるでしょうから、一意見としてとらえて頂ければと思います。

サービスや製品を提供しているベンダーのエバンジェリストやアドボケイトにとって、マサカリは時に非常にありがたいものです。ある意味率直な歯に衣着せぬ意見な訳ですから、自社のサービス、製品を向上させる良い機会なわけです。しかしこれまた時として度を超したマサカリを投げてくる人がいるのも事実としてあるわけです。何を持って度を超しているとするのか、この基準も人それぞれでして、それがまた荒れる原因でもあったりします。

ここでは一旦、事実とあまりにも異なり、的を射ていないマサカリ、これを度を超したマサカリ

としましょうか。当然誹謗中傷まがいの投げかけも同様です。通常であれば、事実と異なることなどは理路整然と説明すれば納得いただけることがほとんどですが、そうでない場合がたまに発生しますなぜでしょうか？

我々人間には感情があります。これが中々にやっかいものでして、通常であれば納得できる内容が、感情が高まると理屈を押しのけることがあります。そうなるともう理屈は通じません。ああいえばこう言う、みたいなやり取りになったりもします。

ですので、とても失礼な言い方かとは思いますが、度を超したマサカリを投げてくる相手に対しては、落ち着くまで討論は避けるべきです。お互いが落ち着いて理屈が通じる状況になるまで待ちましょう。

火に油を注ぎ、炎上案件とならないよう、常に冷静に対応することをお勧めいたします。

Q53. 複数社のDevRelを行うケースが今後増えると予想していますが、ミートアップなど含め日程調整をどのように工夫していますか？

A. ルール決めがいいのでは？（山崎 亘）

定例ミーティングがあるならば、それは毎週水曜日にして、ミートアップは毎月第3木曜日にするとか、ルールを決めておくと必要に応じて柔軟性を持つことがあっても決めやすいと思います。私個人は自分の会社だけのDevRel担当ですが、複数の会社をかけもつアドバイザーと定期的にお話をしてディスカッションしています。このミーティングは基本的に前述のようにルールを決め、お互いに予定が合わない場合にかなり柔軟性高く調整しています。ミートアップの場合には、どうしても調整ができないと抜きで開催することもありますが、それはまれですね。移動も考えると開催場所も柔軟性高く工夫する必要も出てきます。もちろんオンライン ミーティングで済ましてしまう場合もありますが、私個人がさまざまな環境で仕事するのが好きなこともあって、アドバイザーの方がほかの会社との打ち合わせから私の会社に移動する時間が厳しい場合、そして私の方もその後予定が入っていたり、出かける必要がある場合には、中間地点、あるいは妥当な場所、カフェやコワーキング スペースなので打ち合わせをします。たまに、何も無くても近所の美味しいコーヒーが飲めるコーヒー スタンドで打ち合わせる場合もあります。素敵なアイディアを出すためには、フレッシュな環境とフレッシュで美味しいコーヒーの貢献度合いが高いのは言うまでもありません（美味しいコーヒーについては、また別途）。

さらに柔軟度合いが高い工夫だと、「一緒にやってしまいましょう！」というパターンも考えられますね。

私の担当する製品は「IoT オーケストレーション サービス」とうたっているだけあって、他の製品やサービスとの連携が得意です。また、連携の容易性によって差別化しており、積極的に他社と連携したいと常日頃から思っています。ですので、私のアドバイザーが複数の会社をかけもちしていて、その間を取り持つブリッジになっていただけるのはすごく助かるのです。彼は担当する他のサービスについて詳しいし、それがどういう目的や方向性でDevRel活動やプロモーションをしているかもよく知っています。となると、一緒にコラボレーションしたミートアップやハンズオンも企画できるし、その打ち合わせのために三者で一緒にミーティングもできます。こうやってコラボ

レーションした結果、私が担当する製品や先方の会社の製品でいつもリーチしている人たち以外にも新たにリーチできるようになります。

このことこそが複数の会社のDevRelを担当するメリットなので、もしそういうDevRel担当である場合には、しっかり区切って明確に分けて仕事するというよりは、そのメリットを最大限に活かすように活動し、それをウリとして複数の会社にご自分を売り込むのがいいでしょう。今後DevRelが盛んになって、こういうことがたくさん行われるといいですね。

A.定期開催を可能にするのはあらかじめ日程を決めてしまうのが一番です（中津川 篤司）

複数のコミュニティーに携わる人が増えたり、復業と言ったキーワードで複数企業に関わっていくケースが増えていくでしょう（それほど多くなるとは思いませんが）。個人的なやり方で言うと、コミュニティーごとにイベントの日程は定期的になるように調整しています。たとえば月初の水曜日、第三水曜日といった具合です。そうすることであらかじめ予定を押さえられます。不定期開催にすると、ダブルブッキングしてしまう可能性が高くなります。

ただし、イベントの日程をあらかじめ決めてしまう方法の場合、ふたつの問題があります。ひとつは会場手配です。会場をピンポイントの日付で押さえないといけないので、都合が合わない場合が多くなります。もうひとつは登壇者です。こちらもピンポイントで合わせないといけないので、予定が合わないという時もあるでしょう。とはいえ、開催日と会場の空いている日、そして登壇者の都合の良い日をすべて合わせるのは調整に時間がかかるものです。特に登壇者が増えれば、誰かを立てると誰かは無理というケースも出てしまうでしょう。どれかは勇気を持って決める必要があるのです。

もちろん、そうはいっても予定が重複してしまう時はあるでしょう。その場合は自分の中で優先順位をあらかじめ決めておきましょう。イベントの設定はスピード感が命です。ずるずると決めずに日数が経ってしまうと、イベントの集客などにも影響を及ぼします。あらかじめ決めておくことで、即決できるようになるでしょう。

Q54.退職時にソーシャルメディアアカウントを削除しますか？

A.削除はもったいないです。できるだけスムーズな引き継ぎができるように心がけましょう。（長内 毅志）

担当者が辞めてしまい、SNSの運用方法がわからない。どうすればよいか判断できないため、アカウントごと削除してしまおう…。ときおりこんな例を見ますが、とてももったいなく感じられます。時間をかけて獲得したフォロワーや購読者を再び呼び戻すには、それまで運用してきた時間と同程度の時間がかかります。削除などせずに、残しておくことをおすすめします。

マーケティング担当者がよくやる行動として、「*円の予算をかけて*万人にリーチする」といった、金銭と施策によるリーチ獲得の感覚でSNSを手がけるケースが見受けられます。たしかに、SNSの世界でも、相応の金銭を動かしてフォロワーを獲得する、購読者数を増やすといった手法は存在します。しかし、金銭を使って一気に獲得したフォローとの間には「エンゲージメント」は存在せず、すぐに離れてしまう、一時的な関係であることがほとんどです。

もし前任者が相応の時間と工数をかけて、SNSでフォロワーや購読者数を増やしたのであれば、すぐに削除したりせず、アカウントを残しておいた方が得策でしょう。SNSの運用は、得てして担当者のパーソナリティに依存するケースが多いため、前任者と同じようなメッセージ発信や対話は難しいでしょう。そういった場合は、無理に前任者の手法を引き継がず、「担当者が変わりました」と宣言して、新たに関係性を作っていきましょう。どうしてもSNSのフォロワーや購読者との距離感がつかめない場合は、無理にフレンドリーに接しようとせず、企業のメッセージ発信だけでもかまいません。

　大事なのは、SNSで構築された関係性を維持しようという意思であり、「中身は変わっても、引き続きみなさんとの関係をつないでいきたい」というメッセージです。アカウントを削除するということは、「これまでの関係を一度清算しましょう」という意思に見えかねません。前任者のパーソナリティが強く、属人的な運用になっていた場合、引き継ぎは難しいですが、上手に引き継いでいきましょう。最悪、どうしてもアカウントを削除しなければいけない場合でも、「ソフトランディング」を目指し、徐々にクロージングに持っていくよう意識していきましょう。

A.個人アカウントに頼らず公式アカウントをチームで運用し中の人退職の影響をマネージしましょう（Journeyman）

　いわゆる中の人の個人アカウントと公式アカウント両方について、コメントしたいと思います。

　個人アカウントですが、削除する必要はありません。個人のアカウントですので、退職先とは本来関係ないからです。ただし、どこどこの誰それという形で訴求していた場合は、退職の時にアカウントの身辺整理を行い立つ鳥跡を濁さずを徹底しましょう。

　たまに退職しても前職の情報が溢れかえっているアカウントを見掛けます。ミスリードを招くのでお気を付けを。喧嘩別れやパフォーマンスが出せず放出されたような状態だと、敢えてその威を借りたいような方もいない訳ではないので気を付けましょう。

　Web上にアーカイブがなく遡れなかったのですが、個人のアカウントに紐付きローカルにデータが残るタイプのアカウントで、守秘義務に関わる情報のやり取りをしている場合は直ぐに止めましょう。事実は定かではありませんが、退職先からアカウント削除を要求されたという話し聞いたコトがあります。会社のセキュリティで認められたビジネスチャットやクラウドメールなど、退職即アカウントバンなサービスを使いましょう。

　一方で公式アカウントですが、これは後継者がいるかいないかで大きく変わります。飛び抜けたソーシャルコミュニケーション能力を持っているひとりがワンオペで運用しているケースが多いからです。この場合は、残念ながら引き継ぐコトは不可能です。上手く引き継げたケースより、万を超えるフォロワーがいても継続を断念するケースをいくつも見てきました。後者の方がセンセーショナルなので印象に残りやすい面は否めませんが。その際の注意として、アカウント復活はないとしても長期に亘って関わってくれたファンへの別れはきちんとしてください。

　きっかけは退職ではありませんが、かつて自分もお別れ文を掲載した経験があります。コミットして運用できないケースはデブランディングになりかねません。撤退の勇気も必要です。

A.今の所削除していないです（萩野 たいじ）

　私は前職でもテクニカルエバンジェリストとして働いていました。その時に作成したソーシャルメディアアカウントは、そのまま現職での活動にも使っています。私の周りを見る限り、エバンジェリストやアドボケイトなどをやっている人たちは転職してもアカウントをそのまま使っていることが多いです。

　エバンジェリストやアドボケイトなど、DevRelを仕事にしている人は転職する事も多いような気がします。そして、我々のような仕事は、会社に属するエバンジェリスト、アドボケイトという側面と、もうひとつ自分自身のセルフブランディングが非常に大切な仕事でもあります。そう考えると、転職前のアクティビティが可視化されているのはとても大きなアドバンテージになると思います。転職するたびに過去発信した情報を消していたらその人のExperienceがわからないですからね。

　もうひとつ、特徴的なのは我々がソーシャルメディア上で発信する情報はConfidencialではないということでしょうか。通常仕事での活動というのはConfidencialな事が多いですが、パブリックにブロードに活動している以上、発言内容や発信情報は公にして良い事、もっと言うと各個人の発言としてでしか話せないことが多いです。（例外はあります）ですので、所属団体は関係ないんですね。そういった理由も相まって、ソーシャルメディアアカウントはそのまま使う人が多いのではないでしょうか。

Q55.露骨な宣伝をしてはいけませんか？どこまでなら宣伝しても許されますか？

A.DevRelは開発者と良好な関係性を築くマーケティング手法です。露骨かどうかは開発者と自社の関係性の上に立脚します。- Journeyman

　まずDevRelの定義に戻ります。その目的はミートアップを開催することでも、コミュニティーを運営することでもありません。あくまで開発向けのマーケティングを行うことです。

　つまり宣伝することは当たり前です。ただし、通常の単なる宣伝と異なるのは、生身の人間である開発者と良好な関係性を築くことを目指しながらなされるということです。

　自社から見た開発者は、お客様であると共に、ファンであり、社外にいるエバンジェリストであり、共に自社のサービスやプロダクトをよくしたいと考える同士でもある。こうした多面的な関係性の上に成り立つのがDevRelです。一概にどの程度の宣伝がよくどこから先がダメなのか？簡単に測れない理由がここにあります。

　イベントでもブログでもリリースでも、情報の受け手である開発者の目線でどんな価値を提供できるのか？その視点を忘れずに伝えるべきコトを考える、それが王道ではないでしょうか？

A.宣伝するなら割り切ってしまうのもひとつの手段です（萩野 たいじ）

　宣伝という言葉の定義により答えが変わる内容ではありますが、それを踏まえた上で。

　そもそも、我々デベロッパーアドボケイトやテクニカルエバンジェリストの活動そのものが宣伝といえば宣伝のようなものです。自社の製品やサービスの良さを伝えて、是非使って下さい、サポー

トしますよ、と声高々に啓蒙活動しているわけですからね。では、そんな活動を見て宣伝だと思う人はどの程度いるのでしょうか。図ったわけでも統計取ったわけでもないので感覚値でしかないですが、あまり宣伝とは捉えられてないのではないかと思います。

たとえば私のケースでは、自社のクラウドサービスを使ってほしいと思いつつも、その時時で相対する開発者の方に取ってベストだと思うソリューションやアーキテクチャをアドバイスしています。たとえば、IBM Cloudを啓蒙している傍ら、良いと思えばGCPやAzureの話も出すわけです。開発者の方にとっては、少なくともゴリ押しの営業行為には見られないと思います。開発者の信頼を得るのが我々の仕事ですから、自社製品のみをゴリ押しして買わせる・使わせるなんて愚の骨頂なわけです。

では、宣伝と思われるのはどういう時でしょうか？おそらく、製品やサービスを紹介した上で、営業系セミナーへの声がけをしたり、実案件の提案活動につなげようとしたり、購入を勧めたり、そんなところでしょうか。DevRelの観点ではこのような行為はあまり主軸に来ないものですが、時と場合によっては有り得るかもしれません。そういう時は割り切って、その瞬間だけセールス部門の代打をしているように振る舞うのもありかもしれません。「すみません、本業はエバンジェリストなんですが、今日だけ、ひとつだけ宣伝させて下さい！」みたいな感じに。まいどまいどでは信頼が無くなると思いますが、ここぞという時であればきっと理解頂けると思います。冒頭申し上げたとおり、我々は普段から宣伝のようなことをしているわけですからね。

営業、特にテクニカルセールス、プリセールスとエバンジェリストやアドボケイトは結構紙一重なところがあります。ぜひ、開発者のみなさまの信頼を損なうこと無く、上手に立ち回って下さい。

A. 逆の立場で考えれば明白ですね（山崎 亘）

もし、あなたが製品（または、サービス）を利用する開発者だったら、露骨に宣伝をされたらその製品は使いたくなくなりますよね？ 対象がDevRelでなく、一般の宣伝でもいえることですが、宣伝も情報の提供です。情報を提供するとは、よく例えられることですが、コップに水を注いで、それを相手に飲んでもらうことです。コップに入る量は限られているし（たくさん注いでコップからあふれると持っている人は嫌ですよね？）、喉が渇いていない、あるいは飲みたいものでないと飲んでもらえません。「露骨な宣伝」というのは、喉が渇いていない人に、飲んだことのない飲み物を飲まそうとする行為のようなものです。

さて、そうすると、「どこまでならOKか」というのも想像できますね。自分の好きな飲み物をほかの人に勧める場合、だいたい次のようなプロセスを踏まえています。
1．まず、相手がその飲み物を好きそうかどうか判断し、そうだとしたら、
2．なぜ相手がその飲み物を気に入るかを簡単に説明し、
3．コップに少しだけ注いで味見をしてもらう。
4．気に入ってもらったら、もう少し多めにコップに注ぐ。

きっとみなさんも同様ですよね？ この方法を宣伝にも当てはめてみましょう。このプロセスのようにインタラクティブにできない場合でも、要は情報の提供ですので、ターゲット オーディエンスに有用な情報であるか常に確認することを心がけるのが重要でしょう。時間も労力もかかりますが、

宣伝をまったくせずに、たとえば開発手法であるとかノウハウを継続してwebサイトなどで提供するやり方もあります。その中で使う製品が自社製品であるのみです。読み手側は実際に掲載の情報を試してみる際にその製品を使ってみるだろうし、有用な情報を継続して提供する会社の信頼度も上がり、製品の情報も受け入れやすくなるはずです。これができる技術力や体力があるならば、この方法が宣伝（情報）の提供側と受け手側の双方がハッピーになるやり方であると、私は信じています。

第5章　サービス

> 自社サービスを運営し、それを開発者に使ってもらおうと考えるならば、この章がぴったりです。いかに開発者のことを考え、彼らにマッチしたサービスを提供できるかが成否の鍵を握るでしょう。
>
> サービスと一口にいっても、その種類は千差万別です。すべてのフェーズにおいて正解がある訳ではありません。この章においては、主にユーザー登録までと、ユーザーサポートに関するQ&Aを取り上げます。

Q56. アカウント発行は自動で即座にできるべきですか？

A. もちろんできるに超したことはありません。もしできないならデモアカウントを用意しましょう（中津川 篤司）

　できるべきか否かという二択であれば、できるべきでしょう。かつてサーバを借りようと思うと、申し込んでから数日待たされるなんてことが当たり前でした。専用サーバともなれば、申し込みしてから調達してセットアップを行っていたので一ヶ月近く待たされる場合もありました。そんな中、突然クラウドが登場したのです。コマンドひとつ叩けば数秒でサーバが立ち上がるようになり、開発者はこぞってクラウドへ流れ込みました。

　開発者のやりたいと思う気持ちを一瞬でも冷ますことなく、開発に集中できる状態にしなければなりません。ユーザー登録してから実際に使える状態になるまで一日待たせていたら、その間にあなたのサービスを使いたいと言う気持ちも冷え切ってしまっているでしょう。

　人は飲食店の前で何時間でも待てますが、席に案内されて注文すると15分しか待てなくなるそうです。立って待っている時には飲食店と人の間には何の約束ごとはありません。しかし注文した瞬間から結果（料理）を求めるようになるのです。ユーザー登録も同じです。ユーザー登録という作業を行うと、結果（サービスの利用開始）を求めるのです。もし類似サービスが存在し、そちらはすぐに使えるとしたらどうでしょう。あえて何時間も待ってあなたのサービスを使いたいと考えるでしょうか。飲食店は味やジャンルが異なりますが、IT系サービスの場合、表面的に似ているならより手軽に使い始められる方を選んでしまうでしょう。

　もしどうしてもできない場合、デモアカウントやデモ環境を提供しましょう。共通のID、パスワードで体験できるようにしておくのです。このデモアカウントの場合、そもそもユーザー登録すら不要です。まず体験してもらって、満足したらユーザー登録してもらうのです。ユーザー登録までの敷居が高くなったと感じでしょうか。大丈夫、デモアカウントで満足しないならユーザー登録してもらったとしてもアクティブなユーザーにはならないでしょう。

A. 自動発行が嬉しいですが、実装工数見合いです。数量が少なければ最初は手動でもよいのでは（長内 毅志）

　製品・サービスを使ってみようと考えたユーザーの立場からすれば、即座にアカウントが発行さ

れて、すぐに利用できた方が嬉しいでしょう。アカウントの自動発行はほしいところですが、実装工数が申込数とバランスが取れなければ、最初は手動発行でも良いのではないでしょうか。

　「鉄は熱いうちに打て」とよく言います。もしあなたの製品・サービスを試してみたいというユーザーがいた場合、すぐに使ってもらった方が製品・サービスの提供側も、利用するユーザーにとっても嬉しいのは間違いありません。この世界には無数のサービスが存在するため、思い立ったときにすぐに使えることは、それだけでアドバンテージになります。そのアカウントがトライアルアカウントであった場合、トライアル申込者はマーケティング用語で言う「リーチ」の獲得につながります。試用を求めるユーザーのリスト化が自動でできれば、なおありがたいことでしょう。利用を申し込むということは、「あなたの製品・サービスに興味がある」ということでもあります。

　一方で、アカウントの自動発行・ユーザー管理のシステム開発には、多少なりとも開発・実装工数が必要となります。ユーザーの個人データを管理するシステムとなるため、注意が必要です。実装方法によっては、個人情報の流出にも繋がりかねないため、確実なデータ管理・データ保護が求められます。ユーザーの利便性を追求するのは良いですが、個人情報の保護を意識しないまま、いたずらにスピードだけを追い求めても、良い結果にはつながらないでしょう。

　個人情報を保護するための実装工数・QA工数を算出して、その工数がアカウント発行の要求数と比べて明らかにバランスが取れない場合、無理に自動化をせずに、最初は手動によるアカウント管理もやむを得ないところではないかと思います。あなたの製品・サービスの人気が高まり、手動による管理ではとても追いつかず、手間がかかりそうな場合、改めて開発・実装を検討するのが良いでしょう。申込者に対するスピーディな対応はもちろん大事ですが、同時に申込者の個人情報を守るのだ、というセキュリティ意識も重要です。

Q57.ユーザーからとても難しいor大量の質問を受けました。無償対応できる範囲にも限界があるのですがどこで線を引くべきでしょうか？

A.割と少なめで線引きしておいた方がいいです（山崎 亘）

　大前提なのは、「基本的にすべてのサービスは有償である」ということです。そこに企業の人員が配置され業務として働いているわけですから。「質問」あるいは「問い合わせ」は、サポート**サービス**の要求です。通常は無償で受けるべきではないのです。無償でサービスを提供するパスを作ってしまうと、本来ビジネスを展開できるはずが何と社内にいる競合によって阻害されてしまうのです。

　では、DevRel担当者がユーザーからの「質問に答えるのはどういうときでしょうか。本当に簡単な内容なことです。製品のユーザーインターフェースの使い勝手が充分で無かったせいでよく分からないとか、ドキュメントの記述が不十分なために質問が来た場合などです。「とても難しい」や「大量だ」と思ったら、それはもう無償対応の範囲外ですので、丁寧に「サポートビジネスの侵害に当たる」旨を説明してお断りしましょう（「サポート部門から怒られてしまうんですよ」と言うと角が立たないです）。DevRel担当者はサポート業務がミッションではないので迅速な対応ができなく、逆にサポート担当者は質問に回答するノウハウもあるし進捗もトラックされているので安心ですと説明するのもいいかも知れません。また、もしかするとコンタクト先が分からなかった可能性もあるので、その場合にはサポート窓口を教えてあげるか、サポート担当につないであげるかがいいで

すね。

　さて、「とても難しい」や「大量だ」が「どこから」なのかですが、たとえば「1時間以上かけて調べなければならない」とか、「ふたつ以上」などの具体的なしきい値を設けるのがいいでしょう。人それぞれですが、そんなに外れていないはずです。

A. サポートのリソースは無制限ではありません。きちんとコストを算出してサービスレベルに組み込みましょう（中津川 篤司）

　ユーザーからの質問によってサポートコストが圧迫されるという話はよく聞かれます。ここで初心に立ち戻って考えてみましょう。なぜサポートを無料で提供する必要があるのでしょうか。もしコストがかかるのであれば、その対価をきちんともらうようにしましょう。もし原価オーバーしているならば、料金設計が間違っている、ユーザーごとの偏りが大きい状態になっているのかも知れません。

　とあるサービスでは元々無料ユーザーと有料ユーザーで同じレベルのサポートを提供していました。それを有料ユーザーだけに個別サポートとし、無料ユーザーはオンラインのQ&Aサービスを通じたサポートに移行しました。この効果は大きく、Q&Aという良質なオンラインコンテンツが生産されるようになりました。公開された場で質問する場合、質問者は内容を考えます。あまり自分たちの業務に密接な内容だと質問しづらくなります。その結果、込み入った質問であれば有料会員になってもらう効果も生まれました。別なサービスでは質問をチケット制としています。

　サポートコストは無尽蔵ではありません。あなたのユーザーも、その人だけではないでしょう。コストがかかるのであればきちんと請求する、無理する必要はありません。

Q58. ユーザーからのフィードバックを社内開発チームにエスカレーションしたい。良いやり方はありますか？

A. フィードバックの内容を解釈して、仕様改善・リクエストの形にするのはどうでしょうか（長内 毅志）

　開発チームの受け入れ体制によって、ユーザーからのフィードバックを開発チームに渡す形が変わってくると思われます。

　開発チームが「どんなリクエスト、フィードバックでも、まずは受け付けます」と言った場合、ユーザーからのフィードバックをそのままの形で渡すのが良いでしょう。もし開発チームの負荷が高く「フィードバックが多すぎて、処理が難しい」という場合、DevRel担当者がフィードバックの内容を解釈し、仕様改善やリクエストの形に整え、整理した方が良い場合もあります。

　ユーザーのフィードバックはさまざまで、中には理路整然とした要求もあれば、非常に感情的な要求もあります。そのまま手渡したら、解釈不可能な、どう対応してよいかわからないような理不尽な要求もあるかもしれません。そういった場合は、DevRel担当者がフィルターの役割を果たして、情報を整理した上で渡すことをおすすめします。開発チームは、日々リリースサイクルを意識しながら、仕様実装の取捨選択を行っているものと思います。彼らの取捨選択に役立つような形で、情報を手渡してあげるのが良いのではないでしょうか。

一点、意識しておくべきことは、「開発チームとフィードバックを行ったユーザーを、直接結び付けてよいかどうか、慎重にジャッジする」ということです。開発チームは常に膨大な仕様要求やバグフィックスと戦っています。そんな中、ユーザーの声がダイレクトに開発者に届くような状態になったら、開発者はユーザーとのコミュニケーションに工数を取られてしまい、プロジェクトに大きな影響を与える可能性があります。開発者自身が、ユーザーとのダイレクトコミュニケーションを望む場合は問題ありませんが、だとしても理不尽な要求が次々に開発者に届いてしまったら、開発者は疲弊することでしょう。

　その要な場合は、DevRel担当者がうまくフィルタの役割を果たして、開発者が無駄に消耗しないよう意識するようにしましょう。ちょっとした交通整理を行うことで、ユーザーと開発者との距離はよりなめらかに、良い関係になっていくことでしょう。

A.issueを管理するツールを効率的に利用すると良いと思います（萩野 たいじ）

　この質問は少し回答が難しいです。なぜなら、その会社でのサポート体制によってかなり異なるからです。たとえば極端な例ととして、会社の規模が小さく、自社の開発部隊が自分のすぐとなりにいるようであれば、定期的にミーティングなどを設け、フィードバックの場と改善報告の場を設けるのも一案です。

　また、私の所属する会社のように、大本の開発部隊は海のはるか向こう、などと言った場合は、時差もありますしクイックに定例会議、というわけには中々行かないですね。

　で、別段珍しいアイデアでもないですが、フィードバックのコミュニケーション用にツールを使うと良いかもしれません。

　ユーザーからダイレクトにissueを挙げられるツールや、社員がissueを
ツールなど、シチュエーションごとにツールが用意されてると尚良いですね。
　デベロッパーアドボケイトやテクニカルエバンジェリストなどDevRelを通じて得たフィードバックはそういったツールを使ってどんどん開発部隊へエスカレーションしましょう。issueを受け取った開発部隊は速やかに対応し（すぐに直すという意味ではなく、タスク管理下として認識するということ）優先順位を決めすみやかに対応につなげるべきです。

　本書はDevRelの本なので、今回の質問はDevRel担当側の視点だと思い、このように回答させて頂いておりますが、開発部隊の方からすればまた見方は変わってくるかもしれません。

　まとめると、エスカレーションするための仕組みを確立させることです。issueをトラックできる類のもので良いでしょう。そして、中の人のみならず、開発者（ユーザー）が直接issueを挙げられるようにしておくと尚良いのではないかと思います。

A.さまざまなチャンネルを通して開発チームに届けましょう（中津川 篤司）

　いくつかの方法があります。まず社内のIssue管理に登録するのです。その際、タグとしてフィードバックを付けておきます。そしてイテレーションを最初で、どのタスクを開発するか考える際に、他のタスクと同列に判断するのです。開発チームのリソースには限界がありますので、すべての作業をこなすのは不可能でしょう。とはいえ、まずきちんと記録しておくのが大事です。

次に社内のコミュニケーションツール、Slackなどで開発チーム宛にメッセージを投げる方法です。この方法の利点は、実はフィードバックがすでに解決している問題だった場合、開発チームからすぐにレスポンスがもらえるということです。問題はチャットはフローなので、すぐに流れてしまうことです。フィードバック専用のチャット部屋を作るのはお勧めしません。大抵、見てくれないからです。SlackとIssue管理のクロスポストは問題ありません。最後に、開発ミーティングで報告する方法です。これはチャットよりも答えが得られる可能性は高いですが、開発ミーティングまで待たされる可能性があります。また、チャット以上にフローなので、その場で答えが得られないと忘れられてしまう可能性があります。

　なお、フィードバックはユーザーの思いつきであることも多く、そのまま実装しても利用されないことが多いです。ユーザーの真の要望はどこにあるのか、どうあればベスト（ユーザーの要望、開発工数両面で）であるかを把握した上でIssue化するのを忘れないでください。

Q59.無料で使えるアカウントを用意すべきですか？

A.ぜひそうすべきです（山崎 亘）

　プレゼンテーションでどんなに上手に製品を説明して使うモチベーションを高めても、ハンズオンでどんなに使うハードルを下げても、ユーザーに実際にひとりで使ってもらわなければ定着しません。「ハンズオンの際に注意すること」でも触れましたが、ハンズオンが本当の意味で成功したかどうかは、イベントから帰ってオフィスでも家でもひとりになって同じことが再現できるか、また少し変えて発展させた使い方ができるかどうか。これらができるように準備しているかどうかにかかってきます。

　この「準備」の中で大切な要素が、「無料アカウント」です。デモ用の特別アカウントで、IDとパスワードが後で変更されてしまい、ハンズオンのとき以外は使えないのではダメなのです。

　ここでの「無料」の範囲は次のようないくつかのパターンが考えられますが、製品の性格や製品戦略によってどれを選択するのかを決めれば良いでしょう。

- 【無料範囲の例】
    - ［一定期間のみ］例：30日、60日、90日、1年間など
    - ［一定料金のみ］例：25ドル、50ドル、200ドルなど＝米国本社の企業の場合
    - ［一定範囲の機能のみ］例：上位の特定の機能を制限、作成できる数を制限など
    - ［一定用途のみ］例：開発のみ、本番運用は正規ライセンスの購入が必要など

　実際にはこれらの組み合わせも考えられます。たとえば、一定の範囲の機能のみ期限無しで使用でき、上位の特定機能は期間限定で試用することができる、などです。

　私が現在担当している製品は、3番目のパターンですが、ライトユースならばずっと無料で使い続けられます。このため、ユーザーである開発者のみなさんは遠慮なく使い倒して良さを実感しているし、躊躇なく「これは良い！」とほかの人に勧めてくれています。

　いずれにせよ、ユーザーベースを増やしたいならば、無料で使えるアカウントを用意してどんどん製品を使ってもらうようにしておくべきでしょう。

A. 無料で使い続けられる枠は疑問。クーポンやクレジットによる試用枠は用意すべき（中津川 篤司）

　無料で継続利用できなければならない、ということはありませんが試用できるアカウントはあった方が良いでしょう。たとえばAWS、GCP、Twilioなどでは無料で使えるクレジットを用意しています。それを使うことでしばらく（1ヶ月〜1年）は無料で利用できます。この無料枠はハンズオンなどでも活躍します。そうした仕組みがないと、クーポンを発行したり、特別なアカウントをあらかじめ作成しておいて、参加者にはそのアカウントを使ってもらうことになります。せっかく新規アカウント作成を狙える機会でありながら、みすみす逃すのは勿体ないでしょう。

　無料で使い続けられる枠を作るかどうかは慎重になるべきです。無料から有料への壁（ペイウォール）は想像以上に高いです。無料ユーザーから有料ユーザーへの転換率が問題になります。開発者は知恵を駆使して無料で使い続けられるようにします。これは運営者にとって頭痛の種になるでしょう。その意味において無料ユーザーよりも、クーポンや特別なクレジットを通じて一定期間は無料で使える方が現実的といえます。もちろん料金が妥当でないと難しいので値付けは頭を悩ませるポイントになるでしょう。

　ITのサービスを採用するのは日用品ではなく、嗜好品に近い性質があります。そのため試着が必要であり、いざというときの返品する仕組みがなければいけません。同じようなサービスであっても使ってみて手に馴染む、自分の性格に合うものもあれば、そうではないものもあります。その試用すらできずに購読、または購入するのは相当な英断になるでしょう。幸いIT系サービスの多くはユーザー数が十分に増えると、リソース消費はほぼ無料になってきます。一部の例外（決済など）もありますが、多くのサービスは費用は殆どかかりません。そのため、無料枠を設けて試してもらう方がメリットがあります。試せないからユーザーを取り逃すリスクを回避し、継続的に使ってもらうことで他へのスイッチングコストを高くする狙いがあります。

A. 用途限定の無料アカウントは有効だが、バランスを考えて（長内 毅志）

　初めてあなたの製品・サービスを触る場合、最初にお金を払う必要があるかどうかは、意外に大きな障壁となります。まずは触って、理解してもらえないと先に進めないケースは多いため、無料のアカウント・無料体験サービスはとても有効です。注意点として、目的の限定がなく無制限に使える場合、モラルハザードを起こしかねないため、ある程度バランスは取った方が良いでしょう。

　世界には、ありとあらゆるジャンルのIT製品・サービスが存在します。ある特定のジャンルで、ライバルのサービスと競り合わなければいけない場合、最初に触ってもらい、内容を理解してもらわないことには先に進めない場合が多いでしょう。担当者・評価者はさまざまな仕事に追われているケースが多いため、製品・サービス評価を行おうと思ったときに「決済申請をしなければいけない」という、ちょっとした手間でドロップするケースは十分ありえます。

　そうしたドロップアウトを避けるために、無料アカウントを準備して、評価するまでの精神的な障壁を下げる、という手段はとても有効で、意味のあることです。「試したい、評価したい、利用感を知りたい」という場合は、ある程度時間をかけて触ってみないと、分からないものです。そうしたユーザーに対して、無料アカウントを提供することは有効な手段です。その一方で「いつでも無

料アカウントが使える」という状態の場合、評価者は「必要になったときにまた使えばよいか」と、評価を中途半端にしがちです。また、本来あってはいけないことですが、無制限に無料アカウントを使える場合、その無料アカウントを利用して、こっそりビジネスに転用するケースもありえます。人間というのは、ルールを自分の都合に合わせて解釈するケースが多いため、無料アカウントの用途に制限がない場合、その権利を利用してお金儲けをする人は必ず出てきます。

　「無料アカウント」を提供しつつ、性悪説を念頭に置いて、不当な利用に使われないように気をつける。無料アカウントを使う場合、期間ごとの更新制にするなど、利用方法と利用目的に制限をつけ、悪用されないように注意した方が良いでしょう。

第6章　マーケティング

> DevRelはマーケティング活動です。そのため、開発者理解とマーケティングの数字を見る目、両方を持ち合わせていなければなりません。開発者のために、開発者と共に行動する一方で、その活動成果を数値として収集、次のアクションに役立てていきます。
>
> 元々のバックグラウンドが開発者である場合、マーケティングの数字を細かく積んでいくような方法は難しいと感じることでしょう。逆に元々マーケティングに従事していた人にすれば、サービス対象者である開発者を理解するのが困難なはずです。
>
> DevRelに携わる方たちの多くはそんなギャップを乗り越えた人たちです。きっとあなたの悩みを解消できるような回答があることでしょう。

Q60.DevRelってすぐに成果が出るんですか？

A.相応の時間がかかります。社内やステークホルダーの期待値をうまく調整しましょう。（長内毅志）

　DevRelは通常のマーケティング施策とは異なり、目に見えない「エンゲージメント」や「サービスに対するロイヤリティ（忠誠心・ポジティブな感情）」を醸成する施策です。これは一朝一夕では形にならないことがほとんどで、時間をかけて育てていく必要があります。会社の施策として取り入れる場合、ときに短期的な成果を求められる場合がありますが、目標値やKPIをうまくすり合わせ、期待値を調整する必要があるでしょう。

　DevRelは、製品やサービスが持つ機能的な価値に加え、「その製品・サービスの哲学や目指している理想」に対する共鳴者を増やし、エンゲージメントを構築していく作業です。ある意味、時間をかけて友情を培っていくところに近いものがあります。人間関係はお金や報酬など、一時的なメリットでは長続きしません。

　ビジネスの活動は互いの金銭的なメリットをすり合わせ、互いに利益を得ていく活動です。互いの利益が合致するときはすぐに結果が出ますが、取引が終了したらその関係は終わります。逆に言うと、昨日まで自社製品・サービスを使っていたパートナーであっても、ライバル会社と組んだ方が得られる利益が大きい場合、今日はライバル製品と取引を行うことでしょう。ビジネス活動における関係は常に一過性のもので、永続的なものではありません。

　一方でDevRelが生み出す「エンゲージメント」は、金銭的なメリットに加えて、サービス・製品のファンづくりにつながる活動です。そこで生み出される関係は、一時的な関係を超え、長期にわたるパートナーシップを生み出すものです。このため、1～2ヶ月の短期的な期間ではなかなか目に見える形にはなりづらいことが多いです。

　会社としてDevRelの活動を行う場合、会社のリソース（時間、人、モノ、お金）を使う形になるため、何らかのレポートは必要でしょう。その際、どのような目標のもと、どれぐらいの期間で結果を検証していくか、DevRelの活動とステークホルダーの期待値を調整し、KPIを設定しましょう。

A.即効性を求めるならばオンライン施策から（中津川 篤司）

　DevRelは銀の弾ではありません。即効性を求めるのであれば広告の方が良いでしょう。予算に応じて表示される回数が保証されており、クリック率もあらかじめ提示されているものに近い数字で得られるはずです。開発者に対して行うと、その単価はものすごく高いものになると思いますが、それでも素早い（しかし満足とはいえない）結果が得られます。DevRelについて考えてみると、たとえば一回のイベントで20名の新規ユーザー登録が行われたとしても、それを一日何十回もできる訳ではありません。リソースの上限があり、参加者側の限界値があります。

　施策によって成果が見えるまでに時間がかかるものと、それほどでもないものがあります。たとえばブログは即効性のある施策です。対してコミュニティーは時間がかかります。オンライン施策の方が結果が出るまでの時間は短くて済みます。そのため、いち早い結果を求めるのであればオンライン施策から取り組むのがお勧めです。ただし、ブログを通じた流入は継続的に発生しますし、SEOなどの観点でも継続性が重要視されます。ひとつ記事を書いたからといって、爆発的な結果が得られる訳ではありません。

　そういった意味においてもDevRelは即効性のあるマーケティング施策ではないと考えておくべきです。費用対効果が見えてくるのに、少なくとも一年はかかります。また、大事な観点としてあなたの市場にいるライバル企業はDevRelをやっているかも知れません。現状はあなたのサービスとの差異は大きくないかも知れませんが、次第に、しかし確実に離されていることでしょう。DevRelは時間がかかる分、早めにはじめたものが優位になります。やるかやらないかを考え続けているならば、勇気をもって取り組んでみるべきです。

A.関係資産、アセットとして捉え、長期的な投資をしましょう（Journeyman）

　数年のマーケティングロールが終わり活動を継続できなかった失敗談から成功に繋げるために大事だと感じるポイントについて、いくつかお伝えします。

　まず、結論ですが「すぐに成果は出ません」。ユニコーンと言われるようなサービスも最初は地道な関係構築からスタートしていると思います。

　数字にはコミットを、ただ関係構築をする担当と数字を追う担当は別が望ましいです。開発者と同じ目線で考える、対話するエバンジェリストのような方が目先の刈り取りに忙殺されてしまうと長期的な関係性というアセットにひびが入りかねません。

　その意味では、エバンジェリストを含んだマーケティングチームを経営の立場でコミットして数字を意識してリードする存在は重要です。すぐに成果が出しにくいペイフォワードな活動は経営の立場でコミットする味方の存在は欠かせません。

　リレーションズが示す通り、双方にとってメリットのある関係性を長期的に構築する視点が欠かせません。そこには、サービス提供側の理論は通用しません。その中でサービスを大切にしてくれるファンと出会い、関係性を育てていくマインドこそが重要です。

　出会った瞬間一目ぼれして、長い関係性が築かれることもありますが、関係性を育てる視点で長期的な活動を考えると結果的には成果に繋がると思います。

Q61.DevRelのゴールは何でしょう？

A.あなたが必要とされなくなることです（荻野 たいじ）

　この回答は、あなたがテクニカルエバンジェリストやデベロッパーアドボケイト、またはベンダー外部のアンバサダー的な役割の人だとした場合を想定しています。

　そもそも、いわゆるエバンジェリストの役割って何でしょうか？自分が啓蒙するサービスやプロダクトを多くの開発者の方に知ってもらい、使ってもらい、好きになってもらうことだと思います。つまり、そういった啓蒙活動が必要なサービス＝未だ知ってる人が少ない、あまり使われていない、より多くの利用者を望む、などこれから広めていきたい場合に必要となる役割なのです。

　もちろん、定着した後もChurnの数を増やさない（＝定着させる）ために一定の活動は必要ではありますが、やはりエバンジェリストが活躍できるステージというのは、自分たちのサービスを加速させたいその時ではないかと思うわけです。

　そうなると、Developer Relationsをエバンジェリストやアドボケイトの手法のひとつとするのであれば、そのゴールは「もうこれ以上自分の役割が必要なくなるようにすること」だと考えます。

　もちろんこの考え方は人によっても異なるでしょうし、ゴールはひとつである必要もありません。

　あなたがDevRelを行う上で、その業務に合わせて最適なゴールを設定する事が大事です。

　時にそれは、定量的ではない定性的な内容になることもあるでしょう。我々の役割というのは得てして種まきに近いものです。ショート・タームでは図りづらい成果なので、経営層がDevRelを正しく理解して施策を打たないと、成功しにくいと思います。

　DevRelを経営層に正しく理解させる事も、ひとつのゴールかもしれませんね（笑）

A.業務的なゴールは所属組織によります。個人的には「鼓腹撃壌」を目標としています。（長内 毅志）

　職業としてのDevRelが目指すゴールは、担当者が所属する企業・組織において、DevRelのロールがどのように位置づけられているかによるでしょう。個人的には中国の故事「鼓腹撃壌」のように、「DevRel担当者がいなくても、開発者が自発的に製品・サービスを利用し、意見交換をし、交流しあっている」状態が理想だと考えています。

　DevRelというロールは、企業によってマーケティングに属したり、営業に属したり、開発部に属したりしています。DevRel担当者がどの組織に位置づけられ、どのような期待値を背負っているかによって、ゴールは変わってきます。たとえば、筆者が所属していた企業では、DevRelは営業部に属していました。このため、DevRelの職掌としては、代理店やパートナーに技術的な情報をわかり易く伝えたり、実装に関する参考情報をドキュメント化したり、セミナーやハンズオンで技術トランスファーすることでした。その一方で、ユーザーコミュニティーの立ち上げやサポートに関わりました。営業部に属していたため、動き方としてはセールスエンジニア＋マーケティング的な位置づけで、業務の半分は営業が売り上げを上げるために技術方面からサポートをしつつ、個別の案件に開発・SEとしてまでは入り込まないように意識し、また会社も現場案件に張り付かないように配慮してくれました。

　DevRelがマーケティング部に所属する場合は、よりセミナーや技術情報の発信に関する業務割合

が増えることでしょう。開発部に属する場合は、ドキュメントの作成や整理、開発方法や実装に関するリファレンス情報の整理や、仕様要求の整理などの割合が増えていくかもしれません。職業としてのDevRelのゴールは、所属する組織体の中で、DevRelがどのように位置づけられているかによって変わることでしょう。

それはそれとして、個人的にDevRel担当者の究極のゴールは、中国の故事にある「鼓腹撃壌」のような状態を作ることだと考えています。鼓腹撃壌の詳細を書くと長くなるため割愛しますが、ここでは「リーダーのような存在がいなくても、メンバーが自発的に活動し、交流し、情報発信していく」状態を作ることを指しています。DevRelという仕事は、開発者やサービスの利用者が積極的にサービスの活用方法を開発・提案し、互いに情報を交換・発信し合う状態を作ることです。別な言葉でいうと「開発者・コミュニティーメンバーが自走する状態を作る」こと、と言い換えることができます。その状態を作るのがDevRel担当者の仕事であり、DevRelは決して目立つ存在ではなく、縁の下の力持ちであり、裏方のような存在であり、そのような状態を作ることがDevRelの究極のゴールといえるのではないでしょうか。

A.DevRelに終わりはない。今日安泰でも明日にはすべてが覆っている可能性がある（中津川 篤司）

目標という意味であれば、ユーザー数の増加であったり、高アクティブ率、高課金率、プロダクトが創出されるといった事柄がゴールになるでしょう。これらはサービスや企業のステージによって優先事項が変わります。全体の目的（KGI）を立てて、それを達成するためのKPIを考えます。DevRelもKPIを立て、それを達成できるように活動を行っていきます。同じ市場にいる企業同士であってもゴールは異なるでしょう。

それに対して、DevRelの最終着地点という意味のゴールになると意味は変わります。これは企業としてのゴールと同じでしょう。それを達成したからといって解散する企業は殆どありません。常に新しい目標ができたり、社会情勢の変化に合わせて企業としての立ち位置も変わります。これはゴールがない世界です。DevRelにおいてもトップシェアになるのがゴールだとしても、明日には新しいサービスが突如として現れて既存の市場を破壊してしまう可能性すらあります。そうした中、私たちが行うべきなのは新しい芽が出ないように潰すことではありません。常に変化に対応すべく、準備を怠らないことです。そうした情報収集と変化へ追従するためのフィードバックもDevRelの大事な機能です。その意味ではゴール（終わり）はない活動といえるでしょう。

Q62.DevRelの目標設定はどのようにすれば良いでしょうか？

A.営業的な目標では無くDevRelの特性を意識した目標を設定しましょう（萩野 たいじ）

DevRelをやっていて、ある意味一番難しいのが目標設定かもしれません。いや、もちろん「目的」は「自社サービス・製品を広めること」と明確なので、そう考えると目標も立てやすいように感じますよね。ではなぜ難しいのでしょうか？

それは、きっとDevRel特有の時間軸なのだと思います。目標を設定した時に、そのゴールへ到達するまでの期間のことです。

通常、どんな会社でも期首に目標を立てた場合、四半期、半期、通年でその状況のモニタリングや効果測定をします。場合によっては月次で見る場合もあるでしょう。これは当然といえば当然で、期首に割り当てた予算を使って施策を打った事に対し、きちんと効果が出ているかを確認できなければ、その施策を継続するかどうかの判断ができず、設定した予算が適切だったか、次年度はどのくらいの予算を割り当てるべきか（または割り当てないか）、の判断ができないからです。営利企業でしたら当然でしょう。

もちろん、中期経営計画などの数年単位での目標設定はまた別ですが、個々人の目標設定としては年次で見られることがほとんどかと思います。

これに対し、DevRelでの効果が見えてくるのは実は二年後、三年度、ということも珍しくないです。そうなると、営業目標のような設定は形が合いません。では、どのような目標を設定すべきでしょうか？

これは、以前私がDevRelのカンファレンスでも登壇した際に話していますが、次の四つで考えると良いと思います。あくまで私の経験による一例だと思って下さい。

1．自社サービスのアカウント数（新規、継続、離脱、タイプなど）
2．イベント貢献数（企画数、登壇数、講師回数、開発者への接触数など）
3．デジタルコンテンツのアウェアネス（PV、満足度、キャンペーン連携など）
4．コントリビュート件数（自社開発のもの、OSSなど）

大事なのは、自分はデベロッパーアドボケイト/テクニカルエバンジェリストであり、営業をしているわけではないというところです。そこを意識して目標設定すると良いのではないでしょうか。

A. 計測できるものを。ただし量と質にこだわりましょう（中津川 篤司）

目標設定、いわゆるKPIは会社やサービスのKGI、ステージよって異なってきます。サービスがローンチした直後では新規ユーザー獲得が最優先になるでしょう。逆にユーザー数が10万、20万ユーザーとなってくるとアクティブ率や課金率が優先されるかも知れません。DevRelはサービスのライフサイクルにおいて、さまざまな部分で絡むことができます。現在のステージと全体の目標に合わせて最適なものを設定すべきでしょう。

目標を決める際には定量的な、計測可能なものを設定しなければなりません。定性的（雰囲気、数で表せないもの）は短期的には良いですが、長期的に見るとマイナスになります。つまり投資した予算に対してリターンが明確でないために、費用対効果が分からないのです。その結果、より結果が見えやすい施策（広告、アフィリエイトなど）に予算配分が行われてしまいます。もちろん開発者に対しては広告施策などの効果は低いのですが、それでも計測できる方が説得材料としては確かになります。

また、目標はかさ増しできるものを設定すべきではなりません。たとえばブログのPVは簡単に操作できます。ユーザー登録数もプレゼント施策で簡単にコントロールできます。そういったものを設定すると、目標を達成したいあまりに誤った手段を選びかねません。もしユーザー登録数を目標設定するならば、1ユーザーあたりの獲得コストも含めておくべきです。量と質、両方で考えなければ短期的な目標達成はするものの、サービスの成長には繋がっていないという袋小路に陥るで

しょう。

A. 自分が属する組織・グループ内の位置づけを整理して、上長・同僚と相談して決めましょう（長内 毅志）

　あなたがDevRel担当者であり、企業などの組織に属している場合、所属する企業・組織において、DevRelの役割がどのように位置づけられているかによって目標設定は変わってきます。まずは、所属する組織の上長や同僚と相談して、DevRelに期待されていることを整理しながら目標設定していきましょう。

　DevRelはまだ新しい職掌で、企業によってマーケティングに属したり、営業に属したり、開発部に属したりと、所属する組織はさまざまです。DevRel担当者がどの組織に属しているかによって、目標設定は変わります。

　例として、DevRelがマーケティング部門に所属する場合を考えましょう。この場合、業務としては次のような物が考えられます。

- セミナーの登壇
- オンラインやオンサイトのハンズオン講師
- 最新技術の解説文章・資料の作成や、ブログの執筆
- イベントのリード・ファシリテーション
- メルマガの作成
- ホワイトペーパーの作成

　いくつかは、通常のマーケターも担当することがありますが、DevRel担当者が手がける場合、技術に対するわかりやすい解説や紹介が求められることが多いでしょう。このような場合、目標設定はマーケターと同様でありつつ、技術方面のKPIを加味したものになるでしょう（例：技術解説がわかりやすいというフィードバックが多い、など）。

　DevRelは新しい職掌ではありますが、企業や組織内で活動する場合、他の業務と同様、他の部署と連動し、互いにサポートし合いつつ行動することが多くなるはずです。決して特殊な立場ではありません。だからこそ、所属する組織の上長や同僚とよくコミュニケーションを取り、「あいつは何をやっているかわからない」というような状況にならないよう、期待できる役割を理解し、担当している業務の状況がどうなっているかを周囲に伝えていくようにした方が良いでしょう。

Q63.DevRel戦略やDevRel計画をどのように立てればいいか分かりません
A.DevRelが主語になってはいけないと考えます（萩野 たいじ）

　DevRel戦略、DevRel計画、「DevRel」が主語になって考えていませんか？ある側面ではこれも正しいとは思いますが、そもそもDevRelとは何でしょうか？

　DevRel（＝一般的なDeveloper Relationsとして解釈します）とは、開発者同士のつながりを作りながら自社のサービスや製品を普及させていくという、デベロッパーアドボケイトやテクニカルエバンジェリスト達が使う開発者マーケの手法である、といえます。

　となると、戦略として考えなくてはいけないのは、どのようにすれば自社サービスのアウェアネ

スが高まるか、どのようにすれば自社サービスのアクティブアカウントが増加するか、どのようにすれば自社ブランドに対して開発者からの信頼を得られるか、などと言ったところだと思います。それらを実現する手法としてDevRelがある、のではないでしょうか。

　自社サービスの開発者コミュニティーを立ち上げて見ましたか？
　開発者が集まるコミュニティーやカンファレンスへ出向き登壇してみましたか？
　自社サービスがAPI公開しているのであればその開発者WebサイトやAPIドキュメントの品質向上に努めましたか？
　他社のエバンジェリスト達と積極的に交流を持ち、情報交換の場を作っていますか？

　ざっと挙げただけでも、このようなアクティビティが思い浮かびます。このひとつひとつがまさにDevRelな訳です。これらが何の戦略かと言われれば、自社サービス、製品を広める為の戦略であって、DevRelの戦略ではないかと思います。

　もちろん、もう少しミクロに見て、さらにそのアクティビティひとつひとつのアプローチの仕方を戦略的に、計画的に組み立てるというのも有効な場面もあるかもしれません。そうするとそれはもしかしたらDevRelの戦略・計画となるかもしれませんね。

　ただ、アドボケイトやエバンジェリストとの活動は勢いやひらめきで対応しなくてはならない場面も多く、瞬発力が求められます。あまりミクロに戦略を作ってしまうと身動きがとれなくなる可能性もありますのでご留意下さいね。

A. 自分が担当するDevRelの所属部署とミッションを確認しましょう（長内 毅志）

　DevRelという業務・職掌は歴史が浅く、企業や組織によって、管轄部署が異なります。ある企業ではマーケティング本部に属している場合もありますし、ある企業では営業部に属している場合もあります。開発部、もしくはCTO直轄の組織・ポジションである場合もあります。他の業務にもいえることですが、まずは所属する部門がどこにあり、どのような動き方や成果を期待されているか、コミュニケーションを行って確認してみましょう。

　DevRelは技術的な情報を扱うことが多く、技術開発部的な要素があります。一方で、外部の開発者・ユーザーとコミュニケーションをとるケースが多いため、マーケティング的な要素や営業・セールスエンジニア的な要素も併せ持ちます。DevRel担当者は、広範囲の業務知識と経験が求められます。一方で、関わる作業範囲が広くなるため、個人レベルの視点で戦略や計画を作ろうとすると、どうしても迷路に迷い込みがちです。

　そんなときは、まず自分が所属する組織のミッションを確認しつつ、DevRelという職種に期待されている成果や活動について、コミュニケーションを取ってみましょう。マーケティング部に属している場合、セミナーやハンズオンなどの企画の立案やコンテンツの作成、登壇、講師などを期待されているかもしれません。営業部に属している場合、技術的な啓蒙やパートナーに対する教育を期待されている場合もあります。属する組織によって、期待される成果や活動は異なるため、まずは周囲の期待値を確認してみましょう。

　その一方で、あなたがDevRel担当者として実現したいこと、やりたいこともあるはずです。そんな自分自身の目標を整理して、周囲の期待値とすり合わせしてみましょう。あなたのやりたいこと

と周囲の期待値は重なっていることもあるでしょうし、全く自分の意図しない成果を求められているかもしれません。もし自分のやりたい業務と大きく異なる場合は、「周囲が期待する成果」と「あなたが考える戦略・計画で期待できる成果」を照らし合わせつつ、活動内容をすり合わせてみるのはどうでしょう。そうやって、組織の期待値と自分が考える成し遂げたいことをすり合わせながら、自分にとっても、所属する組織にとってもメリットがある内容を整理して、戦略・計画に落とし込んでみてはどうでしょうか。

A. 全体目標に合わせて設計しましょう。最初に取り組むべきなのはローコストな施策から（中津川 篤司）

　設計や戦略を短い文字数で語るのは難しいですが、大事なのは企業やサービスの目標がどこにあるかです。最初はユーザー増やシステム、ドキュメント整備が優先事項かも知れません。ユーザー数が十分に伸びてくればアクティブ率が課題になる可能性があります。そうした企業やサービス全体の目的に合わせて設計すべきです。DevRelでやれることは山ほどありますが、リソースは限られます。すべてを満遍なくこなすことはできません。どれを重視し、別なものはやらないと割り切る必要があるでしょう。これが設計になります。

　戦略は各施策をどう行うかを決めることです。より効率的、つまりローコストでハイリターンなやり方を考えます。各施策に対して共通の評価基準を設けて、測定することで費用対効果の良い施策が見えてきます。もし最初の段階で、右も左も分からないのであればローコストなものからはじめてみると良いでしょう。リターンはやってみなければ分かりませんが、コストは算出できます。ローコストなものから取り組んで、よりハイリターンだったものに力を入れていけば良いのです。

　DevRelの施策は一定の金額がかかるものもありますが、お金をかけずにできるものもたくさんあります。また、お金をかけたからといって良好な結果が得られる訳でもありません。たとえば勉強会に参加するだけであれば、コストは殆どかかりません。リターンは懇親会での活動次第でしょう。他にもブログ執筆もローコストな施策です。コスト感が分かってから、新しい施策に踏み出したって遅くはありません。

Q64. KPIは何を設定すればよいですか？

A. 会社やサービスの目標に合わせて設定しましょう（中津川 篤司）

　KPIは自社またはサービスのKGIに合わせて設定します。もしサービスが拡大期にあり、ユーザー数増を目標に掲げているならば、KPIもユーザー数を設定すべきでしょう。ある程度ユーザー数が増えてくるとユーザーのアクティブ率、満足度にフォーカスが当たるかも知れません。いずれにしても、企業やサービスのステージによって指標は変わってきます。多くの数字目標はお金で操作できます。そのため、指標を設ける際には条件も指定しなければなりません。たとえば新規ユーザー獲得に対する上限獲得単価を設けることで、お金でユーザーを買うような失敗を避けられます。たとえばブログの記事数、PV、ソーシャルメディアのフォロワー数、動画の再生数などはお金で解決できます。

　認知度向上を目標とした場合、どのような数値を取れば良いでしょうか。たとえばブログでの言

及数を掲げると良いでしょう。公式や広告経由での発信を除いた数で、どれくらい情報が広まっているのかを測定します。現状を測定した上で、同条件でWeb検索した際の検索結果の数を測定します。自社ブログをいくら書いても駄目で、ちゃんと開発者に情報が届いているかを測定できます。もちろん、Qiitaを使って自分たちで書いたような記事は省くべきです。

　新規ユーザー登録を目標に据える場合は、チャンネルごとの成果を測定しましょう。それによってもっとも効果的な施策が何であるか分かります。さらに予算を投じることで、アクセルを踏める施策が分かったり、逆に費用対効果が悪いので諦める施策も見えてくるでしょう。ユーザー登録獲得が容易に見込めるのはハンズオンやハッカソンになるでしょう。また、無料枠があるとユーザー登録への障壁は圧倒的に低くなりますが、課金ユーザーへの転換率が問題になります。

A. 正解はありません。グロースに寄与するKPIを選びましょう（Journeyman）

　DevRelはマーケティングの施策のひとつです。マーケティングの目的の多くはデマンドジェネレーションです。

　見込み顧客であるリードを獲得し、育成し、選別し営業に渡す、通常のB2Bマーケティングの基本です。加えてマーケティングファネルの最上位層であるアウェアネスの拡大も含む場合が多いでしょう。

　それらを踏まえて、どんなKPIが望ましいのでしょうか？開発者とベンダーがともに学ぶ文化を軸とするDevRelでは、売りつけることも、売り込むことも場が持つ引力とは異なります。あくまでベンダーとユーザーが同じ土俵でそのサービスについてフラットな関係性を深める文脈です。その意味では、直接的なリード数のみでは計れません。

　さまざまなDevRel活動の実践者や自分のマーケターとしての経験から、機能していると思われるKPIをご紹介します。しかしこれは正解というものではないと思います。いくつもあるマーケティング施策の中で何を選択するか実践するかで変わります。強いて例をあげると、課金ユーザー数、フリーユーザー数、SNSでのシェア数、外部ユーザーのブログ数、自社コンテンツへのリアクション数、PV、公式アカウントのフォロワー数、イベントの参加者延べ人数、開催回数、開催場所数、イベントグループのメンバー数などなど、取り組んでいる施策によりさまざまです。

　自社の施策でビジネスのグロースに寄与しているKPIをベースに設計しましょう。

A. DevRelの目的・最終的なゴールとは別に短期的に図れる数値を設定しましょう（萩野 たいじ）

　目標設定の質問でも同じように回答していますので重複します。たとえばクラウドベンダーの場合、KGIは自社クラウドサービスを広めることがエバンジェリストやアドボケイトの仕事な訳でして、そのアプローチのひとつであるDevRelのKPIとなると、定量的に図れる数値目標を設定する必要があります。

　難しいのは時間軸の捉え方です。目標を設定した時の、そのゴールへ到達するまでの期間のことです。

　通常、どんな会社でも期首に目標を立てた場合、四半期、半期、通年でその状況のモニタリングや効果測定をします。場合によっては月次で見る場合もあるでしょう。これは当然といえば当然で、

期首に割り当てた予算を使って施策を打った事に対し、きちんと効果が出ているかを確認できなければ、その施策を継続するかどうかの判断ができず、設定した予算が適切だったか、次年度はどのくらいの予算を割り当てるべきか（または割り当てないか）、の判断ができないからです。営利企業でしたら当然でしょう。

これに対し、DevRelでの効果が見えてくるのは実は二年後、三年度、ということも珍しくないです。そうなると、営業目標のような設定は形が合いません。では、どのような目標を設定すべきでしょうか？

これは、以前私がDevRelのカンファレンスでも登壇した際に話していますが、次の四つで考えると良いと思います。あくまで私の経験による一例だと思って下さい。

1．自社サービスのアカウント数（新規、継続、離脱、タイプなど）
2．イベント貢献数（企画数、登壇数、講師回数、開発者への接触数など）
3．デジタルコンテンツのアウェアネス（PV、エンゲージ、満足度、キャンペーン連携など）
4．コントリビュート件数（自社開発のもの、OSSなど）

大事なのは、DevRelは営業をしているわけではないというところです。そこを意識して目標設定すると良いのではないでしょうか。

Q65. ブログのPVやソーシャルメディアのシェア数等を評価指標にするべきですか？

A. マーケティングのアウトカムを軸に評価指標を決めましょう（Journeyman）

ブログのPVやソーシャルメディアのシェアを指標として追うことで得られるインサイトは大きいと思います。事業がメディア運営であり、主な収入減が広告収入や有料記事のサブスクリプションであれば、直接評価指標としての妥当でしょう。

しかし、DevRelの目的は開発者向けのマーケティングです。サービスの利用者を増やし、継続して利用してもらうことが目的です。その成果、アクトカムはユーザー数の増加や継続率の向上などであることが本来あるべき姿です。

それらを達成するための手段としてブログがあり、そのブログを広く知ってもらう装置としてSNSなどでのシェアがあります。手段が目的化してしまうと、アウトカムに寄与しないブログを書いたり、ともに成長できる関係にないユーザーの認知だけが広がるなど、ビジネスのゴールからはむしろ遠のいてしまうのではないでしょうか？それは勉強会やカンファレンスの開催も同様です。

DevRelはあくまでマーケティング施策です。何のためにやるのか？を忘れず、アウトカムを軸に評価指標を設計しましょう。

A. 戦略によります（山崎 亘）

まず、DevRel活動の戦略に基づいて、情報発信がその手段として必要であり、情報発信の媒体としてブログやソーシャルメディアを効果的として設定し、これらへの投稿を活動項目にしているならば、「ある程度」は数値目標を評価指標にすべきでしょう。ちょっと回りくどい書き方になってしまいましたが、この位明確にしておいた方が良いということです。あくまでもブログやソーシャル

メディアは目的達成のための手段のひとつであるのです。

　さて、仮に数値目標を活動指針とする場合、それなりの数値目標をしっかり達成するのは結構ハードです。投稿数や間隔、内容などをあれこれ工夫して、ようやく達成できるものです。ブログやソーシャルメディアを専任で担当している場合なら、それでも構いませんが（むしろそういった専任担当を付けるべきですが）、DevRel活動の一環としてこれらのメディアの執筆・投稿している場合には、「途切れさせずに継続して行っている」のを評価し、たとえば、「ブログは月2本」、「ソーシャルメディア週3本」の程度にしておくのがいいでしょう。

　その他のオフラインの活動を充実させることで結果として、PVやシェア数は増えるはずです。最初にPVやシェア数を数値目標にしてしまうと、そちらを上げることを中心として活動してしまいがちです。そうすると、本来DevRel活動で達成すべき目標からは遠ざかってしまう可能性も高くなります。手段のひとつ（一部）であるのに、活動時間のほとんどを使ってしまうのは本末転倒です。

　【結論】DevRel担当の場合、PVやシェア数はボーナスで、評価指標は「継続」程度がいいかと。

A. 水増しできる数字は目標にすべきではありません。質にこだわった測定を（中津川 篤司）

　測定できる数値の中には簡単に水増しできるものがあります。まさにブログのPVはそのひとつです。同様にYouTubeの再生数、ソーシャルの良いね数やフォロワー数もお金で買うことができます。そのため、こういったものは指標として相応しくありません。ブログのPVが増えたからと言って、サービスの拡充に繋がる訳ではありません。空くナックともブログ経由での会員登録数など成果として取れる数値を測定すべきです。

　ユーザー登録も簡単に水増しできます。もしユーザーを増やしたいならAmazonギフト券でもプレゼントしてみると良いでしょう。あっという間に1万アカウントくらい手に入るはずです。しかし、そうやって集めたユーザーの多くはギフト券目当てであって、あなたのサービスを使いたいとは微塵も思っていないでしょう。相当数のキャンペーンメールなども送れるようになりますが、殆どが捨てアカウントであったりスパムフィルタでゴミ箱行きになります。楽して稼いだユーザーなど、そんなものです。

　見た目に大きな数字を達成すれば満足するのではなく、その質にこだわるべきです。サービスに満足してくれるユーザーを集めることで、彼らが他の人たちを誘ってくれたり、口コミで広げてくれるようになります。開発者をターゲットにしている時点で市場はマスマーケットに比べると大幅に絞り込まれています。数を焦って取るのではなく、良質なユーザーを獲得していくことが他社との差別化であったり、中長期的な成功につながるでしょう。

第7章　体制

> ごくごく小規模なスタートアップであれば、DevRelはひとりの専任者で行われることも少なくありません。しかし多少の規模になった企業であれば、複数人のチームで活動することになるはずです。そんな時の最適なチームのあり方について、この章で取り上げます。
>
> 経営層においてDevRelに対する十分な知識が備わっていることは多くありません。そのため、最適なチーム構成や役割分担において知見が足りないかも知れません。人数が少ないと、トラブルがあった時のリスクが高くなりますが、人数が多すぎてもスピード感が失われるでしょう。
>
> DevRelを推し進める上でのチーム体制について、ぜひ学んでください。

Q66. DevRelはどれくらいの人数でやりますか？

A. 会社によります（萩野 たいじ）

　これは、会社によりますとしかいえないです。参考までに、とある海外SaaSベンダーのDevRelチームは日本ではひとりだけです。HQにはもう少し（と言っても数人）居ますが、各国には1～2人だそうです。その各国というのもせいぜい数箇所でしょう。

　また、私が所属する会社では日本のチームはマネージャーやプログラムマネージャーも含め8名です。いわゆるメガクラウドが対象の領域なので、技術領域で担当を分けても最低でも5～6人は必要だと思います（欲をいえばもう少し……）。

　世界で見ると200名くらいのチームです。世界中の都市の中で第一優先都市として10都市あり、それぞれにアドボケイトのチームがあります。その他に特定技術専属のアドボケイトチームがあり、これは活動都市をまたがって、それぞれひとつのチームとして存在します。

　また、とあるSaaS日本企業では2人～3人でやっている所もあります。

　このように、アドボカシー対象の技術の広さや大きさ、会社の方針によってチーム人数は決められてしまうので、回答としては「会社によります」としかいえないかなと思います。

A. ロールの役割で考えるとシンプル、フロント・バック・マネージが良いと思います（Journeyman）

　これは始めから正解がない質問だと思っています。社内で文化の醸成にチャレンジした経験とコミュニティーを通して多くのエバンジェリストやデベロッパーアドボケイトに出会った経験からヒントをお届けします。

　10,000社が利用するサービス、エバンジェリストは何人でしょうか？多くの場合、ひとりです。つまり数や規模ではなく、サービスやプロダクトとしての顔は沢山いないという事実です。

　IaaSのレイヤーからサービスを提供している多くのクラウドプラットフォーマーの場合は、グローバルでチーム編成され、複数人が在籍しているケースが多いです。それでも、APACの担当はひとりというケースも少なくありません。マーケティングの第一純粋想起（たとえば検索といえば

Googleと最初に事柄と紐付いて連想される状態）のように、このサービスといえばこの人という関係性は非常に強力です。

　一方で外の顔であるエバンジェリストを陰で支えるインサイドサポートチームの存在は欠かせません。デジタル施策を担ったり、イベントのオーガナイズをサポートしたり、場合によってはレポートなどの執筆もするでしょう。担当するには広範囲なスキルが必要ですので、兼務であることも多いと思いますが、エバンジェリストとは別人格である方が機能しやすいと感じます。

　最後に数字の責任を持つマネージャです。こちらもいくつかのチームを束ねている方が兼務するケースがあるかも知れませんが、エバンジェリストなどの社外に向けた直接の顔になる方が、目を三角にして数字を追い掛けているケースはあまり健全ではありません。スタートアップであればCOOの方が担っていることも少なくありません。CMOがマーケティング責任を担えるのであれば、それもひとつの方向です。ただし、経営層にDevRelを管掌する責任者がいることはとても大事です。マーケティングの視点で議論できないとあっという間に活動がシュリンクしかねません。

　質問の人数そのものではありませんが、フロントを担う方、裏方を担う方、それらをマネージする方がロールとして分かれているケースが機能していると感じます。頭数ではなく、機能と責任を意識して組織編成を考えましょう。

Q67.DevRelは採用にもつながりますか？

A. 可能性はおおいにあります（山崎 亘）

　DevRel活動のすべてが採用活動に繋がるとは思いませんが、採用につなげたい意図でDevRel活動を行うこともできるでしょう。DevRel活動は文字通り開発者との関係構築を目的としていますから、優れた関係が構築できる会社ならば開発者からの評判もよく「働きたい会社ランキング」的なものへのランクインなども見込まれますよね。

　自社の優秀なエンジニアの存在をアピールしながらDevRel活動をすることで、「あの会社に入ると、あの人のように輝ける」とか「あのエンジニアのように育ててくれる」とか、優秀なエンジニア、将来の優秀なエンジニア候補の採用に繋がる可能性は大いにあります。

　ただ、この質問に回答するために自分の活動を見直しましたが、もし採用につなげることを考えるならば私の今のやり方を少し変えた方がいいかなとも思いました。エンジニアが「この会社に入りたい」あるいは「この会社に入ってもいいかな」と判断するのはどういう項目からでしょうか。たとえば、

・自分のやりたい仕事ができる
・スキルアップできる
・職場の雰囲気がいい（ほかの社員）
・職場の環境がいい（オフィス）

などでしょうか。この中で「やりたい仕事」は現在会社で取り組んでいるテクノロジーや言語などをDevRel活動でアピールできます。「スキルアップ」も同様ですね。製品だけでなく社員の顔が見える形でコンテンツ（オンライン、オフライン双方とも）を提示することで可能です。「オフィス」もミートアップを自社のセミナースペースや会議室で行うことでアピールできますし、実してい

ます。

　ですが、「職場の雰囲気」に関しては現在は少々私個人だけで活動しているために、もし今の会社が採用にDevRel活動を利用したいなら、もう少し積極的に採用したい他部署の社員を巻き込んで、彼らの技術的な優秀性や人間性の良さをアピールしてもいいかなと思っています。私の反省も参考にしてみてください。

A.開発者がステークホルダーであれば行うべき（中津川 篤司）

　DevRelを採用目的で行っている企業は多いです。開発者向けに製品やサービスを作っていなくとも、開発者を雇用したい企業の場合は彼らとの良好な関係性は重要です。世界はもちろん、日本でも開発者から好かれている会社、好かれていない会社があります。その違いは雇用費用として響いているでしょう。同じ報酬だったとしても、開発者が好んでいる会社の方が選ばれる可能性は高いといえます。好かれていない会社の場合、報酬の上乗せが必要になります。

　製品やサービスがない場合、特定技術に関する勉強会を行ったり、ブログ執筆、勉強会会場の貸し出し、ブース出展などが主な活動になってきます。大きな企業になると、自社エンジニアを中心に登壇し、自社技術力をアピールするカンファレンスを催します。その殆どが人事部から予算が出ています。自社の技術力に興味を持ってくれている開発者にアピールする方が、人材紹介会社を使うよりも低コストであるという判断でしょう（実際には両方使っているはずですが）。

　DevRelと行うべき企業とは、開発者がステークホルダーになっています。開発者向けサービスでなくとも、開発者を必要としている企業であればDevRelを行うべきです。すでに雇用されている開発者にとってもコミュニティーに力を入れていたり、発信する機会を用意してくれる企業に対しては好感が持てるでしょう。そういった意味において、社内満足度向上への貢献も考えられます。

Q68.DevRelチームはマーケティング、開発のどちらに所属すべきですか？
A.お勧めはマーケティング部門。予算の出所に注意しましょう（中津川 篤司）

　マーケティング、開発どちらに所属したとしても一長一短があります。自社製品を啓蒙するためのDevRelであれば、マーケティング所属がお勧めです。自社ブランディングのためのDevRelであれば開発側に所属している方が進めやすいでしょう。活動するための予算がどこから出るのかによっても異なってきます。多くの場合、マーケティング予算から活動することになるので、マーケティング部門に所属する方が進めやすいでしょう。自社ブランディングの場合、人事部門から予算が出ることも多いので、その場合は開発部門に所属しつつ、人事と協力するのがお勧めです。

　どちらに所属したとしても、マーケティングと開発部門の両方と連携し合う必要があります。両部門の間を取り持つことも多いでしょう。そのため、片方の部署に所属したからと言って、もう片方の部署と疎遠になってはいけません。イベントなどの調整はマーケティング部門と、開発者からのフィードバックは開発部門へと情報も適切に振り分けなければなりません。どちらの部門も専門的な会話が多いので、どちらの内容にも精通しなければならないでしょう。

　開発部門に所属する場合には、開発スケジュールがDevRelに影響を及ぼさないように注意してください。多くの場合、エバンジェリストやアドボケイトは開発スキルがあります。そのためプロ

ジェクトが煮詰まってくると開発へのヘルプが求められます。しかし、開発力を当てにされてしまうと、登壇などに費やす工数が削がれてしまうでしょう。マンパワーは有限なので、DevRelと開発とのバランスをとって進めなければなりません。

A. その会社がどこに重きを置くかによると思います（萩野 たいじ）

私は、テクニカルエバンジェリストやデベロッパーアドボケイトはデベロッパー（開発者）であるべき、と思っています。これは何故かと言うと、これらのロール（役割）の人たちが相対するのは世の中の開発者の人たちです。開発者の気持ちが分かり、開発者の困っていることや欲していることが分からなくてはなりません。そのためには自分自身が開発者でなければそれは無理だと思っています。

営業やマーケティング、これはこれで長年かけて身につくスキルがあることも十分理解しています。ですので、そういった方々の職種を見下すつもりは全くないです。しかし、同様にアプリケーション開発、インフラ・ネットワーク構築、などシステム開発に携わる人達の苦悩というのは長年自分もやってきた人でなければ絶対に分かることはできません。

デベロッパー（開発者）の気持ちになって技術支援をすべきテクニカルエバンジェリストやデベロッパーアドボケイトにも同等の経験が必要だと私は思っています。

一方で、同じDevRelでも開発者同士の関係性を構築し自社サービスを広めていく活動をマーケティング視点で行うこともあります。この場合、必ずしも自分自身が技術のスペシャリストでなくとも成り立つケースもあるわけです。デジタルを中心にコンテンツを展開し、DevRelにつなげていくようなスタイルのエバンジェリズムやアドボカシーであれば、それはどちらかといえばデジタルマーケティングに強い方が上手くできるのかもしれません。（私は開発畑なので分かりませんが）

つまり、その会社がDevRelを推進しようとした時に、どこに重きを置くかによって、所属すべきチームが変わるのではないかと考えます。

A. マーケティングです。DevRelがマーケティング施策だからです（Journeyman）

"DevRelは外部の開発者との相互コミュニケーションを通じて、自社や自社製品と開発者との継続的かつ良好な関係性を築くためのマーケティング手法。"

これは共著者の中津川氏がDevRel.jpで改めて訴求したメッセージです。

マーケティング施策であるDevRelを開発部門が担うと歪みが生まれます。まず、ビジネスのゴールを達成するためにミッションやKPIを設定するコトができません。開発はプロダクトやサービスをデベロップメントするコトにフォーカスしています。つまり、ミッションもKPIもデザインできず、それをどう実現していくのか？の戦略も描けません。

では、DevRelの対象が開発者であるのに開発の要素は不要なのでしょうか？それは全く違います。多分に開発の要素が必要です。例えるなら、コードという言語で会話する開発者という人種の言葉が話せるエバンジェリスト、デベロッパーアドボケイト、マーケターになれば良い、そんなイメージです。外国に行った時にその国の言葉でコミュニケーションをとるのと同じです。

マーケターやセールスのヒトがコードを覚えるのが良いのか、開発者がマーケティングやエバン

ジェリズム、デベロッパーアドボカシーを覚えるのが良いのか？これは多種多様な社外のエバに会った経験から得た感覚ですが、実際の開発を行った経験がない方がそのトンマナを掴んでいるケースは非常にまれだと感じます。

エバを始めるとマーケティング領域の知識や経験は増えますが、実際の開発・デリバリー経験は殆ど増えません。エバなので、自社サービスを触ってやってみた系の知見は日々学ぶと思いますが、リアルな開発現場で起こるタフな現実を経験するコトは難しいからです。

プロダクションのコーディング経験、サービスやプロダクトの企画開発ローンチ運用、クライアント請負案件の提案からデリバリーと運用経験がある元エンジニアがマーケティングを覚えながら選任するのが良いでしょう。なぜなら、対象となる開発者は今まさにそれらの経験の最前線にいる人々だからです。

Q69. どうやって社内で予算を確保したら良いでしょうか
A. まずはストーリーを作成しましょう（山崎 亘）

これは「経営層にDevRelを理解してもらうにはどうしたらいいでしょうか」というご質問への答えとだいたい同じになりますね（なので一部重複しています）。

自分で計画した年間予算を承認してくれたり、あるいは部門の予算を計画して我々に割り振ってくれるのは直属のマネジメントだと思います。そして、その部門全体の予算を活動計画とともに承認するのはさらに上のマネジメント。会社規模にもよりますが、今所属している会社の場合には、このあたりで経営層にあたります。この人たちに理解してもらえれば予算も確保しやすいのです。

まずはストーリーを作成しましょう。「風が吹けば桶屋が儲かる」的なやつを。もちろん、桶屋は自社です。DevRel活動は風を起こす活動です。それぞれの会社で儲かるロジックが違うと思いますが、私の会社での場合、まだ製品の歴史があまりなく、マーケティング活動で知名度を上げるよりも、実際に使っている人を着実に増やしユーザーによるコンテンツを増やしていく。それによりこの開発ツールを使ったら新たなユースケースも増やし、それらを持って説得力のあるマーケティングにしていく。だいぶ簡単に丸めてはいますが、基本このような流れでストーリーを作成しました。

そして、まずは直属の上司に、そしてその上の上司にまで位は直接説明する機会を設けましょう。部門の活動の一環としてDevRel活動も認識してもらうのです。DevRel担当はマーケティング組織の中にいる場合もあると思いますが、たとえば、「広告費に換算するとXXXXX万円くらいですので、この位の予算が必要です」的な発想で進言するのです。

あるいは、DevRel活動のプランにそれぞれ予算を計算して付け、活動を承認してもらうと同時に予算も承認してもらいます。

小さく始めて小さな成功をつかんで説得力を増やし、次回以降少しずつ活動規模と予算を上げていく方法も採れます。頑張ってください！！

A. アクションプランを作成、社内に共有し、会社の施策として進めましょう（長内 毅志）

DevRelの活動は即効性があるものではなく、継続した取り組みが必要となります。あなたが組織にとって重要な人材であればあるほど、上長はあなたに業務を割り当てたくなることでしょう。そ

の状態で、あなたの貴重なリソースを別な作業に割り当てられるのは辛いはずです。

そこで、次のように進めてみてはどうでしょうか。

- あなたがDevRelでもたらしたいと思っているゴールの設定
- ゴールに向けての施策（アクションプラン）のリストアップ
- 各施策のために必要な時間・費用などのリソースの整理
- プランを関係各者に共有し、賛同者を見つける
- 賛同者による連携（バーチャルチームの結成）
- プランを会社の意思決定者にプレゼン、承認を得る

各施策について、必要とするリソースは異なると思います。極小なリソースで始められるものありますし、人員や費用が必要なリソースもあることでしょう。ある施策はNGだったとしても、「この程度の施策なら実施してもよい」というアイディアもあるはずです。そのような小さな施策から、実行に移してみるのはどうでしょう。

DevRelの施策はいろいろありますが、中には時間も費用もかからない施策もあると思います。たとえば、会社に公式なブログがある場合、その中に「DevRel」というカテゴリを作って、定期的に情報を発信することも立派なDevRelの活動のひとつです。この場合、必要な作業はアカウント作成と、ブログ記事の作成だけですみます。最初はスモールスタートでもかまわないので、できることからコツコツと始め、そこで積み重なった結果や数字を元に、活動の幅を広げていくという方法もあります。

やってはいけないことは、周囲にまだ賛同者が存在せず、組織の承認ない状態のまま、組織の名前を使って活動することです。どんなに素晴らしいアイディアであっても、組織内に情報が共有されないまま進める作業は、個人プレーとなってしまいます。会社に属しており、会社の時間と費用を使って行うのであれば、DevRelの施策が会社にもたらすメリットがどのようなもので、そのためにどの程度のリソースを使うのか、説明と承認が必要でしょう。逆に、組織から課せられたミッションを達成しつつ、その合間に時間を捻出できれば、あなたのアイディアを否定する理由はどこにもないはずです。

A. 会社の目標に合わせて、それを達成するための数字の積み上げが大事（中津川 篤司）

DevRelだからといって、特別な予算の獲得方法はないでしょう。一般的なマーケティング予算の獲得法としては、二種類の考え方があります。

- 目標型
- 利益型

目標型の例で言うと、今期1万ユーザー獲得を目標にしていて、自然増で1,000ユーザー程度が見込める場合、残りの9,000ユーザーはマーケティングによって獲得しなければならないということになります。1ユーザーの獲得コストを1,000円程度と設定した場合、マーケティング予算は900万円必要になります。利益型は、サービスの売り上げ（または利益）の何割をマーケティング予算にするという考え方です。目標に応じた予算は欧米に多く、売り上げに応じた予算は日本企業に多いと言われています。本来は戦略的であるべきで、前者の目標型の方が理想ですが、マーケティングの

重要性が理解されづらい日本企業では採用されないことが多いようです。もちろん、その予算は売り上げから出ますので、予算が妥当なものであるかどうかは営業を含めた全社的な承認が必要になります。

　サービスを立ち上げた直後の場合は利益の目処など殆ど立っていないことでしょう。その意味では目標型のマーケティング予算が分かりやすいかと思います。今期、何を目標にして、それを達成するためにはどう数字を積み上げれば良いかを考えます。そして、その数字を達成するために必要な予算を算出すれば良いのです。逆にいえば、単にコミュニティーをやりたい、ブログを書きたいというのでは予算獲得はおぼつかないでしょう。何のために、どう成果を得るためにコミュニティーをやるのか、ブログを書くのかを明確にしなければなりません。

Q70. どれぐらいの頻度で出張していますか？

A. だいたい年間20回くらいです（萩野 たいじ）

　と、回答してみたものの、これは個人差があるのでなんともいえません。我々のチームでも、アドボケイトによって出張の頻度は変わります。私は海外出張も多いですが、年間通して一度も海外出張のないアドボケイトも居ます。これは、それぞれのライフスタイルもありますし、どの程度が妥当とか、そういう基準はないと思います。

　参考までに、私の出張のケースですと
・日本各地でのカンファレンス対応：年3回程度
・日本各地でのハッカソン対応：年5回程度
・コミュニティーイベントでの出張：年5回程度
・パートナーサポートでの出張：年4回程度
・海外カンファレンス対応（自社、他社含め）：年5回程度

　この他にも突発的な出張などはありますし、他のメンバーが都合つかない場合なども代打で行くこともあるのでなんともいえませんが、回数は問題では無く、出張するにあたりかかるコスト（時間、費用）がその内容に見合うかが大事です。本書のKPIや目標の項でも述べていますが、エバンジェリスト、アドボケイトとしての活動で結果を出す事が大事ですので、その為の出張であれば頻度は関係ないでしょう。

A. 製品戦略と会社規模によります（山崎 亘）

　結論から言うと、現在私の所属する会社ではDevRel担当としてほとんど出張はしていません。
　出張にも予算がかかるので、どんな会社でもむやみには出張しないでしょう。当然、毎回正当性が問われます。会社の製品戦略に基づいて個々の活動があり、それが地方での開催であれば出張する。あるいは地方開催のイベントがあり、それに戦略上参加した方がいいから出張する。などです。
　それぞれの活動に必要な予算があり、総額が決まっているので考慮して割り振るように、出張費にかかる予算も決まっているので、それに基づき計画します。うちの会社の場合、会社規模も小さいので満遍なくアプローチするのは難しいので、どこかにフォーカスして活動しますが、それがまだ地方での活動に繋がっていないのです。また、製品も日本全国、あるいは世界各地に広まってい

るというフェーズでもまだありません。

　とはいえ、このまま東京だけで活動していくつもりはないので、地域差を感じさせないオンラインをベースに活動し、徐々に広めて行きますが、ターゲットとなる人が多く集まる場所があれば、オンラインの活動よりも効果的であるため、ピンポイントで出張します。先日も似たようなコミュニティーの活動が大阪であったので参加してきました。こちらの製品のアピールをするとともに、向こう側の状況も実際に感覚としてつかんだり、今後のコンタクト先とも繋がったので今後が楽しみです。今回、あまりお答えになってないかも知れなく恐縮ですがご参考までに。

Q71. どんなに頑張っても社内の評価が低いと感じます

A. 会社が価値を理解できない場合、転職という選択肢もあります。ただ、所属が提供できる価値に可能性を感じているのであれば諦めずに続けるコトもひとつの生き様です（Journeyman）

　この問いは当事者としても非常に重いモノです。結論は見出しの通りですが、組織における考え方によって、結論が変わってくると思いますので、その点について補足します。繰り返しますが、結論は見出しの通りです。

　実はかつてこのテーマで登壇したコトもあります。その際に伝えたことは「トップの理解が欠かせない」というコトです。ここがクリアできなければ、残念ながら評価が上がることはありません。しかし状況は厳しいと言わざるを得ません。日本は世界的にはマーケティング領域の経営者の理解が決定的に不足していると言われているからです。DevRelはマーケティング活動です。理解できないコトの評価ほど難しいものはありません。

　個人的にセールス上がりのトップの場合、刈り取りを極めて重視するので、代理店ビジネスやパートナービジネスを軸になりマーケティング活動は二の次になります。これは予測が難しく長期的な投資が必要なマーケティングと目先の刈り取りで作られる数字の見え方に起因している面が多いです。大抵このケースではありとあらゆるアクションがKPIとしてモニタリングされ、直接的な数字を追求するアクションになりがちです。

　また、マーケティングに理解がない組織はPRの理解も乏しいケースが多いといえます。どことは言及しませんがここ数年、大手企業が炎上を繰り返す場面を多数目撃されている通りです。長期的な視野を持って、将来の関係性（PublicでもDeveloperでも）を考えた時にまだ関係性を構築できてない層の意見や感覚を軽視しがちです。内輪の感覚で物事を決める、それは自社の常識であって、世の中の常識ではない、いわんやおや炎上が後を絶たない理由の一端です。

　このように理解に裏打ちされた尺度を持たない組織に、ペイフォワードでロングテールなDevRelの活動を評価して欲しいと言っても望むべくもありません。ただし、自社が提供できる価値が日本をひいては世界をよくする確信があるのであれば、評価を気にせず言うべきことを主張し諦めずに取り組むコトもひとつの生き様だと思います。評価の前に、自分が何をなしたいか？それを軸に考えてみてはいかがでしょうか？

A. 社内の評価というものをどのように捉えるかです（萩野 たいじ）

　この質問に関しては、個人的に非常に思うところがあります。私は以前システムインテグレーター

で働いておりました。受託開発がメインの会社です。しかし、外資系パブリッククラウドのサービスを自社サービスとしてパッケージして販売したり、海外で見つけた面白い製品を日本国内へ展開するなど、独自の取組もしている面白い会社でした。

ある日、転機が訪れました。その会社の新しい試みとして、社内に各テクノロジーに特化したエキスパートをその会社の社内外の顔として活動させよう、という動きが始まりました。私は、その会社ではモバイルアプリに関しては技術的に突出していましたので、会社から指名が来ました。取組の内容を自分なりに解釈し、これはいわゆるテクニカルエバンジェリストロールを求めているのだろうと結論付けました。

自社内への自分自身の認知度、社外への自分自身＋会社の認知度を上げるため、いろいろなことを試しました。その中でたどり着いたひとつのアプローチがDeveloper Relationsというものでした。そこから私とDevRelコミュニティーの関係が始まるわけですが、そのあたりの話はここではさておき、当時エンタープライズの領域ではそこそこ知られていたその会社も、DevRelを通じてそれこそモバイルやWebのコミュニティーなどへ出ていくと全く知られていないことが露呈しました。

私は、コミュニティーイベントでの登壇や運営へのコントリビュート、最終的には海外カンファレンスでの登壇を果たし、その会社と自分自身の認知度を上げることに成功しました。実際、私の活動を通じて案件の引き合いが来ることも増え、それがその会社の新規ビジネスの機会へつながることも出てきた訳です。

さて、そうなると評価はどうなるのでしょうか？その活動そのものに対しての評価はありました。当時の社長を始めとした役員から、活動の有意性について認めてはもらえました。そういう意味では定性的な評価はされたと言って良いかもしれません。しかし、キャリアアップや給与待遇への反映は望めませんでした。定量的なKPIで図るのが難しいのです。

つまり、評価というものをどのように捉えるか、です。個人にとってセルフブランディングに成功し、会社での存在価値を認めてもらえるのもひとつの評価ですし、それが給与待遇へ跳ねないと評価とはいえない、という意見もあるでしょう。前者の場合は、その実績が他社DevRelロールへの転職時に有効になってくることもありますので全く無価値ではないはずです。

DevRelの活動は四半期や半期、一年単位では数字（売り上げ、利益、案件数など）に跳ねないことも多いです。種まきに近い活動ですから。それを会社の上層部が理解していることが大事だと私は思います。

ですので、給与に跳ねる形での評価を望むのでしたら、活動を始める前に会社の上層部と合意形成をし、定量的に図れるKPIを設定しておくこと、その達成率において評価してもらうことが必要だと思います。通常の営業的なKPIでの評価軸から外れ、DevRel視点での評価軸を定めるところから社内の上層部へエスカレーションしてみてはいかがでしょうか。

Q72.チームでやるとすればどんな役割があるでしょうか？
A.規模によって必要な役割を設けましょう（萩野 たいじ）

これは本当に規模や取り扱う製品・サービスによっても異なるので一概にはいえませんが、チームということなので、複数サービスを有するベンダーで数十人規模〜くらいを想定してお答えします。

次のような体制になることが「多い」んじゃないかと思います。
1．マネージャー（上位にGMやCxOなどが存在）
2．コミュニティープログラムマネージャー/プログラムマネージャー
3．テクニカルエバンジェリスト・デベロッパーアドボケイト
4．ビジネスデベロップメント担当
5．コンシューマー/法人セールス担当

この内、DevRelに強く関わってくるのは2のプログラムマネージャー（PM/CPM）、3のエバンジェリスト、アドボケイトですかね。PMはエバンジェリスト達が活動する為のプログラムを計画、管理していきます。また、エバンジェリストやアドボケイトはそれぞれ細分化されるケースもあります。

・固有のテクノロジーに特化したエバンジェリスト
・ブロードな活動をメインで行うエバンジェリスト
・法人を対象としたビジネス直結型のエバンジェリスト
・自社技術以外のオープンな技術を主軸にしているエバンジェリスト

といった感じです。法人直結型のエバンジェリストは4や5のロールの人たちと連携することも多いと思います。

繰り返しになりますが、取り扱う製品・サービスや規模によっても異なるので、自社の状況を整理し、自社にはどんなロールが優先的に必要なのかを検討すべきです。ここでの回答が少しでもその検討の助けになれば幸いです。

A. マネジメント・エバンジェリスト・サポートの3つの役割に分けると機能しやすいです（Journeyman）

　DevRelチームが関わる範囲は際限なく広がる傾向があります。その意味ではさまざまな専門家が少しずつかかわり、一部の専任メンバーがあらゆるタッチポイントでユーザーに届けるが理想的な形です。

　自社のミートアップ、大規模カンファレンスの登壇、ブースの運営から、コンテンツの執筆、ハンズオンの実施など、デモ実施環境の構築など、あげればきりがないほどの範囲におよびます。

　それぞれの役割を考えるなら、イベント担当、コンテンツ担当、ライター、カメラマン、Web担当、セミナー講師と考えられます。スタートアップでは、これらすべてを1担当者がワンオペで実践しているケースも少なくありません。

　ただ、そんな中出張をこなし日本中を飛び回るのは体がいくつあっても足りない状況になってしまいます。ひとつの答えが階層と拠点やリアルとデジタルを分ける考えるという発想です。

　階層、これは意思決定したり経営と調整したり予算を取ったりするマネジメントの立場です。現場のエバンジェリストやデベロッパーアドボケイトとは別にすべきです。もうひとつが拠点やリアルとデジタルを分けるです。

　拠点は読んで字のごとく、東日本と西日本の担当を分ける、ドメスティックとグローバルの担当を分けるなどです。リアルとデジタルはイベントや登壇などのリアルな現場に赴く担当者と、デジタルまわりでネットがあれば時間と場所を問わずアウトプットを続ける担当を分けるスタイルです。

専任度合いはケースバイケースだと思いますが、マネジメント、フロント（リアル）、サポート（デジタル）と3つのロールで定義できると良いのではないでしょうか？

A. ひとりでは対応しきれない業務をうまく割り振って、1+1を3にしましょう（長内 毅志）

日本のDevRel担当者を見ていると、まだひとりチームで活動をしている人が多いように見受けられます。非常にもったいなく感じます。リアルな部署・チームかどうかはおいて、DevRel担当者は社内に積極的に味方を作り、チーム化していきましょう。

DevRelとして活動をしていくと、ひとりでは対応できないさまざまな懸案が発生します。自社製品・サービスに関する技術的なサポート要請。ハンズオンやセミナーの講師依頼。全国（全世界）各地のユーザーコミュニティー立ち上げ支援やサポートなど。これらをひとりのDevRel担当者が処理していくのは、難しいものがあるでしょう。

そんなときに、DevRelで発生した懸案を一緒に対応してくれる仲間がいたら、とても心強いものです。例として、社内の各部署に味方がいる場合、次のような共同作業が可能となります。

・営業部との共同作業
　—全国各地に存在する有力なパートナーへのアプローチ、コミュニティー活動への協力要請、イベント開催の際に協賛会社への橋渡しなど
・マーケティング部との共同作業
　—セミナーやハンズオンの告知協力要請、イベント開催時の人員手配、ユーザーコミュニティーへのノベルティ協賛など
・開発部との共同作業
　—製品・サービスの新機能に関する情報共有、サンプルコード作成のアイディア出し、コードレビューなど

ちょっと考えただけでも、各部署と協力体制を作ることで、DevRelのしごとがよりスムーズに、効率よく対応できる気がしませんか？

DevRel単体で部署やチームを作るのは、なかなか難しいことでしょう。しかし、リアルな部署は必ずしも必要がありません。社内でDevRelの活動が公式に認められたら、積極的に上司や同僚を巻き込んで、社内でバーチャルな協力体制を作っていきましょう。場合によっては、社外の協力者と共に動いても良いかもしれません。

大事なのは、あなたが目指すDevRelの活動を周囲に伝え、理解してもらい、賛同者を得ることです。そうすることで、1+1を3にできるような、協力体制が作れることでしょう。

Q73. マーケティングに理解のある人間が社内にいません。DevRel活動を開始する前に取り組むべきことはなんですか？

A. まずは現状を可視化してみましょう（中津川 篤司）

日本企業ではマーケティングを行う部署がない、あってもテクニカルでなく広告予算を代理店に任せきりという人たちも少なからず存在します。なまじ現在の仕組みでうまく事業が回ってしまっていると、なおさら厄介です。そうした場合は当たり前ではあるのですが、DevRelの前にマーケ

ティングについて学ぶべきとしかいえないでしょう。それをしないとDevRelに対する期待値ばかり増してしまい、事業を救う銀の弾だと思いかねません。その結果、すぐに成果が出てこないことに憤慨し、DevRel活動を停止してしまうでしょう。問題はDevRelではなく、その会社のやり方にあるのです。

　まずは現状を数値として見える化するのが賢明です。あやふやな、雰囲気でしていた内容が数字になることで議論の質が高まるでしょう。経営層というのは結果の数値（売り上げや利益、支出など）は見るのですが、そこに至るための数値（ユーザー数、アクティブ率、APIコール数など）を細かく見ようとしません。それらの数字を可視化することで、力を入れるべきポイントも見えてきます。そしてやるべきことが見えてくればマーケティング活動の出番になります。それが分かるまでは人を投入したり、DevRelを開始しても無駄になりそうです。

　4大メディアへの予算配分がメインだった昔のマーケティングに比べて、現在は幅広いチャンネルを使ってアピールした結果（数字）を細かく積み重ねて達成するものになっています。だからこそ現状を可視化し、何に力を入れて、そのためにはどう行っていくべきかを考えられるようになるでしょう。早まって何となくDevRelを行ってみる、なんてことにならないようご注意ください。

A. 理解は学べばクリアできます。まずマーケティングの責任者を明確にしましょう。（Journeyman）

　非常に重要な問いです。マーケティングに理解があるかどうかはDevRelを始める際の必須条件です。なぜなら、直接的な成果ではなく、長期的な投資から回収するモデルだからです。決して、目先のビジネス拡大に寄与することはなく、いつ成果が出るかの予測も極めて困難です。その意味で、経営層が本気で取り組む覚悟があるかは非常に重要です。

　DevRelに取り組む前にクリアすべきは、マーケティングに責任を持つ経営層を決めるコトです。

　理解があるか？は学んで行けば良いだけです。ただ、誰が責任を持って推進するか決まっていない施策、特に新しい施策が機能するケースはほとんど見たコトがありません。なぜなら、それは前提のない勝ち筋が見えない活動だからです。不確実性の高い取り組みが成功するための必須条件が明確なリーダーの存在です。

　マーケティングの明確な責任者を決めましょう。そして、権限委譲して任せましょう。真のリーダーならDevRelの価値に遅かれ早かれ気がつきます。

A. まずはストーリーを作って、それを徐々に展開します（山崎 亘）

　まずは直属のマネジメント（上司）です。あくまでも上司にはDevRel活動を理解してもらっておくのが大前提です。そのためには別項でも説明していますが、ストーリーが大切です。「風が吹けば桶屋が儲かる」的なやつを。もちろん、桶屋は自社です。DevRel活動は風を起こす活動です。それぞれの会社で儲かるロジックが違うと思いますが、共通の認識としてどこでも誰にでも使うツールとして作っておきましょう。

　そうしたら、そのストーリーをシェアしましょう。社内のできるだけ多くの人に。

　とはいえ、無駄にやっても仕方ないので、まずは直属の上司に、そしてその上の上司にまで位は直接説明する機会を設けましょう。部門の活動の一環としてDevRel活動も認識してもらうのです。

私の場合には、幸運なことに上司に恵まれ、また活動も理解してもらえたので、全社朝礼でプレゼンする機会をもらえました。当然、社長や他の役員も居ました。結果、活動を理解してもらえ、その後の対応も変わりました。他部署の社員もその場に居るため、「普段あいつ毎月ミートアップをやっているけど、そういうことか」とか、「ソーシャルメディアで楽しそうにしているけど、そういうことか」と「ある程度は」理解してもらえたのはラッキーでした。

　ただし、当然、ただプレゼンすればいいという訳ではなく、DevRel活動でつちかったストーリーの展開方法や、プレゼン技法によるものだと思います。

　ですので、もし「社内に理解のある人がいない」と腐っていたとしたら（そんなことはないとは思いますが）、今すぐDevRelパーソンとしてのスキルを上げることで、社内から理解を得るための力を付けましょう。

　もし、私と同じような機会（全社員の前でのプレゼン）が得られない場合、あるいはすぐには得られない場合には、少しずつアッパー マネジメントの味方を増やしていきましょう。これもDevRel活動と同じです。スキルを磨き、作戦を立て、ステップ バイ ステップでやりましょう！

　足下を固めたら、外に働きかけ、盛り上がりを作り、既成事実を作ってしまいましょう。こんなに効果がある活動なのだというのを事実として社内に提示します。そして、「その事実ができたのが、こういうストーリーからなのです」とまた最初のストーリーに沿って説明しましょう。さらに説得力が増しているはずです。

Q74.他部署との関わり方はどう行うのが良いでしょうか？
A.目指すゴールを説明して、積極的に他部署と情報共有しましょう（長内 毅志）

　DevRelに限ったことではないかと思いますが、他部署との連携や共同作業は重要です。DevRelは、ある意味会社を代表して他社・他者との連絡窓口になる仕事といえます。会社を代表する以上、適切な粒度で情報を共有した方が業務はスムーズにまわるはずです。

　情報共有は大きく分けて3つあり
・DevRelの目標はなにか
・その目標のために、どんな活動を行うのか
・その活動の、現在の状況はどうか
　に整理できるかと思います。

　「DevRelの目標はなにか」。これは、DevRel業務を通して、どのような目標を達成するか、となります。KPIと言い換えることもできるでしょう。DevRelの業務は、必ずしも定量化できる作業ばかりではないため、定性的な目標も混ざるかもしれません。「その目標のために、どんな活動を行うか」。これは、PDCAのPlanに当たります。目標達成のために考えられる、実際の業務内容と言い換えることができるでしょう。「その活動の、現在の状況はどうか」。これは、PDCAのDoとCheckに当たります。目標達成のために、どんな場所に行き、どんな話を行い、どのような情報を得たのか。目標に対してどのような要素があったのか、など。

　DevRelの活動は、営業やマーケティングと異なり、数値化しにくい要素も多々あります。情報共有がうまくいかないと、「勉強会に参加と言っては、お酒を飲んでいるだけではないのか」など、誤

解を招くこともあるかと思います。DevRelが目指す目標がどのようなもので、そのためにどんな活動を行っているのか、情報共有が適切にできれば、誤解を避けることができ、また、他部署に協力者を見つけることができることでしょう。

閉じた活動にならないよう、上手に情報共有を行って、DevRelの活動に味方してくれる仲間を他部署にも増やしていきましょう。

A. 非常に大事なので積極的に関わりましょう（山崎 亘）

「他部署」といってもいくつかあって、それぞれに対して当然異なる関わり方があります。

【製品開発】

開発部門との関わりは非常に大事です。ユーザー コミュニティーからの製品のフィードバックを製品開発に反映させることもできます。逆に製品ロードマップを踏まえてDevRel活動の方向性を決められるので密なコミュニケーションが求められます。私の場合には毎週定例ミーティングで開発チームのマネージャーとディスカッションしていますが、開発チームのSlackグループに入れてもらって各製品開発者やオペレーション エンジニアと情報交換しています。小さい会社ならではのメリットですね。以前いたシリコンバレーに本社がある会社ではできなかったことです。たまに、ユーザーの温度感を知ってもらうために直接ミートアップに参加してもらってもいます。

【ビジネス企画】

私の場合は製品マーケティングも兼ねているので、ビジネス企画チームとも定期的にディスカッションをしています。DevRel活動でつかんだユーザーの実情、どの辺に悩みを感じているのか、どの辺に製品の良さを実感しているのかなどを共有し、どういう価格体系とするか、どういう企画（たとえばトレーニング）を作っていけばいいかと常にアイディアのやり取りをしています。

【営業】

意外かも知れませんが営業のマネージャーも含めて情報交換しています。ミートアップなどの活動を定期的に共有し、彼らの顧客に案内できるようであればしてもらいますし、逆にアイディアや実ノウハウを持つお顧客のエンジニアがいればミートアップに登壇してもらったりするようにしています。

【経理部】

まあ、これはオマケですが割と大事です。経費精算は迅速に、しっかりと領収書は提出するとか、社内のルールにいつも則るようにして関係性をよくしておけば、DevRelとして経理的にイレギュラーなことをやった場合にも親身になって相談に乗ってくれます。

というように、それぞれに異なった対応をしていますが、共通かつ重要なのは、しっかりと情報を共有することにあります。こちらからだけでなく、向こう側からの情報も得て、常に何か一緒にできることがないかどうかお互いに考えられる関係が構築できればいいですね。

A. 他部署の共通言語で話しましょう。話はそれからです（Journeyman）

元COBOLエンジニアでキャリアの大半がプロジェクトマネージャだった自分がマーケターになった経験からお話しします。

前提として、エンジニア、マネジメント、セールス、マーケティング、それぞれが各々の文化と言語を持っているコトを知るコトが大事です。

　DevRelチームがマーケティング部門配下なのか、それともエンジニアリング部門配下なのか、はたまたセールスの中でもコンサルティングよりのプリセールスチームよるのかなど、組織体の事情により連携の障壁は異なります。ただ、ロールを越境して痛切に感じたのは、それぞれがそれぞれの部門の論理と言語を持っているということです。言うなれば、それは文化も言語も違う外国のようなものです。

　その中で他部署との連携が必要なケースは沢山あります。目的に応じて臆せずどんどん関われば良いと思います。気を付けて欲しいのは1点だけです。彼らの言葉を学び流儀に気を配り対話することです。

　DevRelの活動は、他部署が唸るような成果をすぐに上げることは難しい長期的なモノです。外国語を学ぶのも越境して協力関係を築くのも簡単ではありません。まず相手の立場に立ってアクションしましょう。

Q75.口下手ですが、DevRelに関わることはできますか？

A.さまざまな形で貢献ができます。（長内 毅志）

　DevRelの仕事の大きな役割のひとつに、「自社サービスの技術を理解・活用してくれる関係者を増やし、関係各者の満足度を高める」ことがあります。その目標を達成するためには、「話す」事以外にもたくさんできることがあります。

　自社の技術を伝えるために「わかりやすく話す」技術は、確かに大きな役割を果たします。一方で、「話すことで技術情報を正確に伝える」のは、かなり難しいことでもあります。まとまった情報量を正確に伝えるためには、ときには文章による説明の方が適していたり、サンプルコードを書いた方が、口頭のコミュニケーションよりもより正しく、具体的な情報を伝えることができることも多いです。技術的に難しい内容を把握し、関係者が理解できる言葉に直して、文章の形で伝えることは、DevRelにとってとても大きな役割といえます。

　文章情報のメリットは、
・場所を問わず、非同期的に情報を伝達する
・まとまった情報を整理し、体系立てて伝える

などがあります。話すことが苦手な場合、文章によって関係者に情報を伝えることにチャレンジしてみてはどうでしょうか。

　また、自分たちの情報を「伝える」だけでなく、自社技術に足りないと感じていること、求めていることを正しく理解し、整理し、自社チームに伝えることも大事なDevRelの活動のひとつです。利用者の要望は、ときに情報が散乱し、体系だっていないことも多々あります。そのような情報を正しく整理し、ヒアリングして、体系立てることも、大事な仕事といえるでしょう。

　「話す」だけでなく、伝え方を変えて情報を届ける。参加者から情報を集めて、整理し、自社サービスのために役立てる、など、いろいろな方法でDevRelの活動にチャレンジしてみましょう。

A. 話すだけがDevRelではありません。自分に合ったDevRel活動をはじめましょう（中津川篤司）

　DevRelにおける役割はエバンジェリストやアドボケイトなど、アピールする人だけに限りません。システムを開発する人はもちろん、ライティング、サポートエンジニア、マーケティング、レポーティングなどさまざまにあります。DevRelに携わる上で、自分に合った役割は必ずあるはずです。そしてDevRelの施策を考える上でも、自分に合っているものを行っていく方が良いでしょう。無理をしても長続きしません。

　とはいえ、開発者とコミュニケーションするのはDevRelにおいて大事な視点なのは間違いありません。会社やサービスの看板を背負って話すのは重いでしょうが、外部で行われている勉強会に参加するくらいであれば気楽に行えます。懇親会が辛いのであれば、最初は懇親会に参加せずに帰っても良いでしょう。慣れてきたり、知り合いがいたら懇親会まで参加してみましょう。堅苦しく考えたり、ゼロサムにする必要はありません。自分のできることを、できることからはじめれば良いだけです。

　DevRelにおいては話し上手なのも良いですが、聞き上手であるのも大事な視点です。一方的に話すだけでなく、相手の課題や問題点、今後やりたいことなどをきちんと聞けるというのも大切です。その意味では口下手な人の方が話が聞ける人といえるかも知れません。多くのエバンジェリスト・アドボケイトにおいても最初から話が得意だった人の方が少ないでしょう。最初は緊張し通しで、慣れによって現在の姿になった人の方が多いはずです。ぜひ自分に合ったDevRel活動にトライしてください！

A. あなた次第です（山崎 亘）

　もし本当に「DevRelに関わりたい」と思うのならば、できます！ やりましょう！ 大丈夫です！
　あなたが口下手だったとしても、全体のプランを作成したり、コンテンツを作成したり、Webサイトの企画をしたり、イベントや勉強会の運営をしたり、など、チームでDevRel活動をやっていれば、分担によって人前で話せなくてもいくらでも活動の役割があります。

　では、もし、独り、あるいは少ない人数でDevRel活動をやっている場合なら？ それでも大丈夫。冒頭の文章を繰り返します。できます！ やりましょう！ 大丈夫です！

　DevRel活動の目的は何でしょう？ 流暢に話すことではないですよね？ 流暢に話せればそれに超したことはありませんが、それを目的にしてしまうのは本末転倒です。情報伝達の基本は、必要な情報を、必要なタイミングで、必要な人に伝えることです。

　とはいえ、少しは練習も必要です。プレゼンと同じで、口数を多くし過ぎず、言いたいことをシンプルに明確にしましょう。そして、場数をこなしていけば口下手とか言ってられなくなって、そのうち気にならなくなりますよ。私がそうです。そういえば私は口下手だし、人見知りだしで、ミートアップや勉強会の後の懇親会が苦手です。自分が一参加者のときはほとんど黙ってます。ですが、自分が主催者側の場合には、独りで居る人はいないか？ とか、あの登壇者にお礼を言っておかなければ！ とか、あの人は次回の登壇に興味ありそうだからコミットしてもらわなきゃ！ とかなので、口下手だから物怖じして話せないことをすっかり忘れてました。

そんな感じになりますよ、きっと。

Q76. 経営層にDevRelを理解してもらうにはどうしたらいいでしょうか
A. 理解できるプロトコルへ変更してみましょう（萩野 たいじ）

　DevRelを経営陣が理解してくれない。私も実際に経験しました。そもそも論として、経営陣が推進していないことを仕事として実行するシチュエーションというのは考えにくいのですが、私のケースでは次のような感じでした。
　経営陣：社内の技術者や社外の技術者へ自分自身と会社の技術を認知してもらうよう活動せよ。
　私：なるほど、ということはエバンジェリストかな。DevRel大事だね。
　経営陣：DevRelとかよくわからん。エバンジェリストなんてやれなんて言ってない。
　私：いや、DevRelとは……
　経営陣：分からん、ふじこふじこ。
　と、いうことが起こるわけでして、これはなぜなんでしょう。
　経営陣も私も、自社の技術力を社内外へアピールし認知してもらい、信頼を築いていくことが必要、ということは思いとして一致しているわけです。でも、経営陣からしてみたら、そこへの活動にはお金を投資しているわけで、よく分からんものを認めるわけにはいかないのです。で、あるならば彼らが分かる言葉で置き換えてあげましょう。
- エバンジェリスト → 技術営業、技術マーケティング
- DevRel → 技術者との関係構築
- ソーシャル活用 → デジタルマーケティングのひとつ
- ブログ → 技術記事
- meetup、コミュニティー → 技術セミナー、勉強会、ユーザー会

　このように耳慣れた言葉へ変換した上で、目的と効果をはっきりとさせることが第一歩だと思います。次に、その設定したKPIについて短期で目に見える形へ持っていくことで経営陣にとって納得感のある活動に映るようになるのではないでしょうか。
　どんな時でも、経営陣に理解してもらうためには、会社にとってどんなメリットがあるのかを納得させることです。頑張ってください。

A. まずマーケティングへの理解を、その先に道は拓けます（Journeyman）

　実務の世界では誰が言うか？は合理的な判断よりも優先されるケースが多々あります。改めてご自身の経験を振り返るとそんな場面が思い当たるのではないでしょうか？
　ご担当されているビジネスにとってDevRelがフィットするかは理詰めで整理していけば、比較的導き出すのは難しくありません。たとえばですが、やっているかやっていないかは別にして、マーケティングが必要か、その対象は開発者か、両方に丸がつくなら機械的な判断ではやらない選択肢はないことになります。
　ここで問題なのが、日本の経営層にマーケティングに対する理解が足りていないという事実です。もうひとつが元エンジニアでどんな種類であれコードを書いた経験があるか、つまりエンジニアや

エンジニアリングに対する理解があるかという問題です。

さて、冒頭に戻りますが、合理的な判断より優先される状況を踏まえ、このふたつのマーケティング＋エンジニアリングに理解がある方を捕まえてください。これは個人的には必須要件だと思っています。それが経営陣なら直接のコミュニケーションパスを作り、きちんと説明するだけで十分道は拓けると思います。ただし、前述のように両方の素養をお持ちの方は少ないのが現実です。ではどうするか？

リーダーへ直言できる実績を自分自身で作るか、作っている方を味方につけて行動してください。正しいことを正しくいう、聞こえは良いですが、誰が言うかは極めて重要です。その点を明確に意識して戦略的に理解を促しましょう。

A.「風が吹けば桶屋が儲かる」です（山崎 亘）

何度も繰り返しますが、まずはストーリーを作成しましょう。「風が吹けば桶屋が儲かる」的なやつを。もちろん、桶屋は自社です。DevRel活動は風を起こす活動です。それぞれの会社で儲かるロジックが違うと思いますが、私の会社での場合、まだ製品の歴史があまりなく、マーケティング活動で知名度を上げるよりも、実際に使っている人を着実に増やしユーザーによるコンテンツを増やしていく。それによりこの開発ツールを使ったら新たなユースケースも増やし、それらを持って説得力のあるマーケティングにしていく。だいぶ簡単に丸めてはいますが、基本このような流れでストーリーを作成しました。

そうしたら、そのストーリーをシェアしましょう。社内のできるだけ多くの人に。

とはいえ、無駄にやっても仕方ないので、まずは直属の上司に、そしてその上の上司にまで位は直接説明する機会を設けましょう。部門の活動の一環としてDevRel活動も認識してもらうのです。私の場合には、幸運なことに上司に恵まれ、また活動も理解してもらえたので、全社朝礼でプレゼンする機会をもらえました。当然、社長や他の役員も居ました。結果、活動を理解してもらえ、その後の対応も変わりました。他部署の社員もその場に居るため、「普段あいつ毎月ミートアップをやっているけど、そういうことか」とか、「ソーシャルメディアで楽しそうにしているけど、そういうことか」と「ある程度は」理解してもらえたのはラッキーでした。

ただし、当然、ただプレゼンすればいいという訳ではなく、DevRel活動でつちかったストーリーの展開方法や、プレゼン技法によるものだと思います。

ですので、もし「経営層に理解してもらえない」と腐っていたとしたら（居ないとは思いますが）、今すぐDevRelパーソンとしてのスキルを上げることで、経営層に理解してもらうための力を付けましょう。

もし、私と同じような機会（全社員の前でのプレゼン）が得られない場合、あるいはすぐには得られない場合には、少しずつアッパー マネジメントの味方を増やしていきましょう。これもDevRel活動と同じです。スキルを磨き、作戦を立て、ステップ バイ ステップでやりましょう！

あとがき

　普段Q&A形式で書くことはないので新鮮味がある一方、書き慣れていないのでかなり苦戦しました。回答しやすい質問もある一方、かなり答えづらいものも多かったです。特にDevRelの場合、企業のサービスやバックグラウンド、規模などによって答えも千差万別です。そのため、自分の答えが必ずしも役立つとは限らないというところが不安要素でもあります。私の回答が誰かの役に立てば幸いです。（中津川　篤司）

　今回、この書籍に対し寄稿するか正直迷いました。DevRelというのはみんなの共通認識として通ずる部分もあれば、人により意見が分かれる部分もあるからです。しかし、逆に我々のような現場の最前線にてDevRelを実践している人間がそれぞれの視点でそれぞれの意見を以て疑問に答えることでより広がりのある視野を持てると思い筆を執りました。商社系SIerでテクニカルエバンジェリストをやっていた経験と、現在の大手外資系クラウドベンダーとしてのデベロッパーアドボケイトの経験を踏まえ、極力色眼鏡のない回答を心がけたつもりです。私の回答が少しでもみなさまのお役にてれば嬉しいです。（萩野たいじ）

　今回の執筆を通して、改めて自分が何を伝えたいのか、考える時間になりました。約80ある質問の半分以上に回答するコトにしましたが、そのどれもが一筋縄では行かない、正解のない問いであり、本書を執筆するコトの意義を改めて感じました。答えがないコトにとって、実践者の経験から導き出されたユースケースは、その問いに向き合う時の良い教材になると考えます。現に自分が業務としてマーケティングに携わるコトになった時にとった手法だったからです。執筆者それぞれの経験から言語化された回答たちが、お役に立てば幸いです。（Journeyman）

　DevRelという仕事・業務は、開発としての素養を要求されつつ、究極的には「人と、どう付き合うか」「どんな人と、どんな関係を作っていくか」に集約されていきます。リアルな人間関係に正解がないように、DevRelという仕事にも正解はありません。それでも、経験則から考えられる「好手・悪手」はあるのではないか。そんな事を考えながら記事を記述しました。皆様の業務・活動に、なにかのヒントになれば幸いです。（長内　毅志）

　自分の経験を文章という形にしていくのって、自分に向き合うことだなぁと今回つくづく思いました。DevRelのコミュニティーに入って得られた知識、人との繋がり、そしてその人たちから得られたモチベーション、これらのお陰で今までやってこられました。今度は自分が恩返しする番です。これからDevRelをやる人たちにこの本が役に立つことを祈ってます。もしかすると、「それは違う！」ということが書かれているかも知れません。ぜひそれをきっかけにディスカッションしましょう。そこから得られることが、きっとみなさんの糧となるでしょう。そんな有意義な場の中心にこの本があれば著者全員嬉しいです。（山崎　亘）

著者紹介

中津川 篤司（なかつがわ あつし）

株式会社MOONGIFT代表取締役。ニフクラ mobile backend、hifive エバンジェリスト。プログラマ、エンジニアとしていくつかの企業で働き、28歳のときに独立。2004年、まだ情報が少なかったオープンソースソフトの技術ブログ『MOONGIFT』を開設し、毎日情報を発信している。2013年に法人化、ビジネスとエンジニアを結ぶエバンジェリスト業「DevRel」活動をスタートした。ソーシャルIDはすべて goofmint。

萩野たいじ（はぎの たいじ）

IBM Developer Advocate。元美容師にて元ミュージシャン。IT業界へ転職後、ソフトウェアハウスや外資系パッケージベンダーを経て有限会社アキュレートシステムを企業。その後商社系SIerにてR&DやBiz Devに従事し、テクニカルエバンジェリストへ。現在はIBMのGlobalチームへ所属しDeveloper Adocateとして開発者マーケティングを推進している。好物は麻婆豆腐、花椒たっぷりのやつが好き。
Twitter：@taiponrock

Journeyman

DevRel meetup in Tokyo 運営メンバーのひとり。主にデジタル周りを担当。所属は、老舗システムインテグレータで、プロジェクトマネージャ、システムエンジニアがキャリアの中心。直近までは、B2Bの領域でオウンドメディアとソーシャルを運用するマーケターを経験。編集長兼メインライターとしてアウトプットする傍ら、コミュニティやプライベートでのアウトプットの場を増やす。これまで、共著同人誌の執筆、企画、編集などを齧る。本書では、エンタープライズ領域での長年の経験とマーケティング実務を通して得た気付きを元に網羅的に回答。個人の活動ではタグライン #営餃 で高知名物屋台餃子のエバンジェリストとして活動。SNSやブログでは Journeyman（@beajourneyman）。

長内 毅志（おさない たけし）

ゲームソフトの営業・マーケティング→Webシステムのプリセールス、コンサルティング→キャリアレップで携帯電話に関する仕事あれこれ→技術系ウェブディレクター 兼 CMSエンジニア→WebCMSのプロダクトマネージャー、DevRel担当者を経て、ERP SaaSサービスのDevRel。ユーザーコミュニティの立ち上げや運営、技術サポートなどを担当。サーバーサイドからフロントエンドまで、浅く広くカバーしてます。野球観戦とジョギング、ゲーム（特にSplatoon）が大好き。
Twitter：@Nick_smallworld

山﨑 亘（やまざき わたる）

約一年半前、長年勤めた外資系IT企業のDeveloper Marketingから、日本企業にIoT開発ツールのDevRelとして転職。戸惑うことも多いが、たくさんのやることに囲まれ毎日楽しんでいる。コーヒー（浅煎り）と、クラフトビール（IPA）と、音楽と、映画が好き。あと、ランニングも。週末に楽しむクラフトビールとランニング以外は毎日摂取しないとイライラするくらいの中毒。
Twitter：@wyamazak

◎本書スタッフ
アートディレクター/装丁：岡田章志＋GY
編集協力：飯嶋玲子
デジタル編集：栗原 翔

〈表紙イラスト〉
湊川 あい（みなとがわ あい）
フリーランスのWebデザイナー・漫画家・イラストレーター。マンガと図解で、技術をわかりやすく伝えることが好き。著書『わかばちゃんと学ぶ Webサイト制作の基本』『わかばちゃんと学ぶ Git使い方入門』『わかばちゃんと学ぶ Googleアナリティクス』が全国の書店にて発売中のほか、動画学習サービスSchooにてGit入門授業の講師も担当。マンガでわかるGit・マンガでわかるDocker・マンガでわかるUnityといった分野横断的なコンテンツを展開している。

Webサイト：マンガでわかるWebデザイン http://webdesign-manga.com/
Twitter：@llminatoll

技術の泉シリーズ・刊行によせて
技術者の知見のアウトプットである技術同人誌は、急速に認知度を高めています。インプレスR&Dは国内最大級の即売会「技術書典」（https://techbookfest.org/）で頒布された技術同人誌を底本とした商業書籍を2016年より刊行し、これらを中心とした『技術書典シリーズ』を展開してきました。2019年4月、より幅広い技術同人誌を対象とし、最新の知見を発信するために『技術の泉シリーズ』へリニューアルしました。今後は「技術書典」をはじめとした各種即売会や、勉強会・LT会などで頒布された技術同人誌を底本とした商業書籍を刊行し、技術同人誌の普及と発展に貢献することを目指します。エンジニアの"知の結晶"である技術同人誌の世界に、より多くの方が触れていただくきっかけになれば幸いです。

株式会社インプレスR&D
技術の泉シリーズ　編集長　山城 敬

●お断り
掲載したURLは2019年9月1日現在のものです。サイトの都合で変更されることがあります。また、電子版ではURLにハイパーリンクを設定していますが、端末やビューアー、リンク先のファイルタイプによっては表示されないことがあります。あらかじめご了承ください。
●本書の内容についてのお問い合わせ先
株式会社インプレスR&D　メール窓口
np-info@impress.co.jp
件名に『『本書名』問い合わせ係』と明記してお送りください。
電話やFAX、郵便でのご質問にはお答えできません。返信までには、しばらくお時間をいただく場合があります。
なお、本書の範囲を超えるご質問にはお答えしかねますので、あらかじめご了承ください。
また、本書の内容についてはNextPublishingオフィシャルWebサイトにて情報を公開しております。
https://nextpublishing.jp/

●落丁・乱丁本はお手数ですが、インプレスカスタマーセンターまでお送りください。送料弊社負担 てお取り替え
させていただきます。但し、古書店で購入されたものについてはお取り替えできません。
■読者の窓口
インプレスカスタマーセンター
〒101-0051
東京都千代田区神田神保町一丁目 105番地
TEL 03-6837-5016／FAX 03-6837-5023
info@impress.co.jp
■書店／販売店のご注文窓口
株式会社インプレス受注センター
TEL 048-449-8040／FAX 048-449-8041

技術の泉シリーズ
開発者向けマーケティング DevRel Q&A

2019年11月15日　初版発行Ver.1.0（PDF版）

編　者　DevRel Meetup in Tokyo
著　者　中津川 篤司,萩野 たいじ,Journeyman,長内 毅志,山崎 亘
編集人　山城 敬
発行人　井芹 昌信
発　行　株式会社インプレスR&D
　　　　〒101-0051
　　　　東京都千代田区神田神保町一丁目105番地
　　　　https://nextpublishing.jp/
発　売　株式会社インプレス
　　　　〒101-0051　東京都千代田区神田神保町一丁目105番地

●本書は著作権法上の保護を受けています。本書の一部あるいは全部について株式会社インプレスR&
Dから文書による許諾を得ずに、いかなる方法においても無断で複写、複製することは禁じられてい
ます。

©2019 Atsushi Nakatsugawa,Taiji Hagino,Journeyman,Takeshi "Nick" Osanai,Wataru Yamazaki. All rights reserved.
印刷・製本　京葉流通倉庫株式会社
Printed in Japan

ISBN978-4-8443-7829-7

Next Publishing®
●本書はNextPublishingメソッドによって発行されています。
NextPublishingメソッドは株式会社インプレスR&Dが開発した、電子書籍と印刷書籍を同時発行できる
デジタルファースト型の新出版方式です。https://nextpublishing.jp/